职业教育课程改革系列教材

单片机技术项目教程
（C语言版）

第2版

主　编　徐　萍　张晓强
副主编　孟劲松　潘　峰
参　编　郭　磊　高　娟　殷慧超
　　　　曾宪茗　王青斌　李耀东
主　审　王胜元

机械工业出版社

本书是职业教育课程改革系列教材之一，全书共十二个项目，分别为蜂鸣器控制、8位流水灯控制、1位数码管控制、2位数码管控制、4路数字显示抢答器控制、60s倒计时控制、24h时钟自动运行控制、点阵显示屏的制作、数字电压表的模拟控制、调光台灯的制作、交通信号灯模拟控制、单片机的串行通信。书后设置了两个附录，分别是单片机仿真软件Keil的使用、Proteus软件的学习及使用。

本书每个项目都设计了“项目目标”“项目任务”“项目分析”“项目实施”“知识拓展”“项目测试”和“项目评估”等模块，以完成项目的工作步骤为主线，便于调动学生自主学习和实践的积极性。

本书适合作为职业教育机电、电子、电气、数控、物联网等相关专业的教材，也可作为相关技术岗位的岗位培训教材。

为方便教学，本书配有电子课件，凡选用本书作为教材的教师，均可登录www.cmpedu.com网站，注册并免费下载，或来电（010-88379195）索取。

图书在版编目（CIP）数据

单片机技术项目教程：C语言版/徐萍，张晓强主编．—2版．—北京：机械工业出版社，2018.11（2024.9重印）

职业教育课程改革系列教材

ISBN 978-7-111-61290-2

Ⅰ.①单… Ⅱ.①徐… ②张… Ⅲ.①单片微型计算机-C语言-程序设计-高等职业教育-教材 Ⅳ.①TP368.1②TP312.8

中国版本图书馆CIP数据核字（2018）第249822号

机械工业出版社（北京市百万庄大街22号 邮政编码100037）

策划编辑：赵红梅 责任编辑：赵红梅 柳 瑛

责任校对：梁 静 封面设计：马精明

责任印制：刘 媛

涿州市般润文化传播有限公司印刷

2024年9月第2版第5次印刷

184mm×260mm·12.5印张·301千字

标准书号：ISBN 978-7-111-61290-2

定价：39.80元

电话服务

客服电话：010-88361066

010-88379833

010-68326294

网络服务

机 工 官 网：www.cmpbook.com

机 工 官 博：weibo.com/cmp1952

金 书 网：www.golden-book.com

机工教育服务网：www.cmpedu.com

第2版前言

单片机技术作为嵌入式计算机控制系统的重要技术，已经越来越受到重视，尤其对于直接面向企业的职业院校，掌握单片机技术已经成为机电、电子、电气、数控、物联网等专业学生的基本技能要求。

本书结合我国工业领域技能型人才紧缺的实际情况，借鉴国内外先进的职业教育理念、模式和方法，并参照相关的国家职业标准和行业的职业技能鉴定规范及中级技术工人等级考核标准，采用项目式编写体例，适应于基于工作过程导向的“单片机技术与应用”课程的教学内容和教学方法。本书为《单片机技术项目教程》的修订本，在广泛听取读者意见和建议的基础上，做了以下修订工作：将汇编语言改为C语言，为团队协作式开发提供了可能性；除保留第1版经典项目外，增加了点阵显示屏的制作、24h时钟自动运行控制、调光台灯的制作等项目，覆盖更多知识点，与单片机实际应用结合更为紧密；针对目前广泛使用的Proteus软件进行了详细的讲解，并结合项目给出了仿真图。

本书是由从事多年职业教育教学工作及技能大赛辅导工作的一线骨干教师和学科带头人通过企业调研，对单片机技术与应用岗位群职业能力进行分析后，研究总结单片机技术人才培养方案，并在企业、行业专家参与下编写而成的。

本书坚持“以服务为宗旨，以就业为导向”的办学思想，突出了职业技能教育的特色。本书的主要特点如下：

1. 在编写理念上，根据职业学校学生的培养目标及认知特点，打破了传统的理论—实践—再理论的认知规律，代之以实践—理论—再实践的新认知规律，突出“做中学，学中做”的教育理念。

2. 在编写体例上，设计了以工程项目为导向、以工作过程为引领的项目式编写模式，力求培养学生的职业素养和职业能力，并把培养学生的职业能力放在突出位置。

3. 在内容的安排上，以生产生活中常见、便于实现为基本依据，以项目为载体，从易到难，循序渐进。书中所选用的图例直观形象，好教好学，内容紧扣主题，定位准确。

4. 在教学评价上，坚持过程评价和成果评价相结合，即对学生在学习每个项目过程中的表现和最后的实训成果进行评价，评价明确、直观、实用，可操作性强，可以很好地调动学生的学习积极性。

全书分为十二个项目，每个项目都由“项目目标”“项目任务”“项目分析”“项目实施”“知识拓展”“项目测试”和“项目评估”模块构成，以完成项目的工作步骤为主线，便于调动学生自主学习和实践的积极性。书后设置了两个附录，分别是“单片机仿真软件Keil的使用”“Proteus软件的学习及使用”，便于学生学习了解单片机的工具软件和技术要求。

本书由济南电子机械工程学校徐萍、济南商贸学校张晓强担任主编，济南电子机械工程学校潘峰、章丘中等职业学校孟劲松担任副主编。参与编写的还有山东星科智能科技有限公司王青斌、李耀东，威海职业技术学院殷慧超，惠民职教中心高娟，济南电子机械工程学校郭磊、曾宪茗。

由于编者水平有限，书中难免有疏漏之处，敬请读者批评指正。

编　者

第1版前言

单片机技术作为嵌入式计算机控制系统的重要技术，已经越来越受到各个应用领域的重视，尤其对于直接面向企业的职业院校，掌握单片机技术已经成为机电技术应用、电气控制、数控技术、电子信息、计算机应用等专业学生的基本技能要求。近年来举办的各种规模的中等职业学校技能大赛，几乎都设立了单片机相关的比赛项目，这对中等职业学校的单片机教学提出了更高的要求。

单片机技术是一门理论与实践结合较强的技术，目前有关单片机的教材大多偏重理论，在应用性项目的介绍方面比较薄弱，很多教学一线教师在教授单片机课程时，总感觉没有合适的实践项目供学生学习或训练，本书正是在这一背景下产生的。作者根据自己多年在单片机教学以及企业培训的经验，并结合当前以就业为导向的职业教育特点，在结构形式上采用项目式教学法，内容上紧跟现代工业自动化技术的发展现状，通过翔实可行的实训项目，讲述单片机的控制电路、指令系统、各功能模块的典型应用案例，着重阐明项目设计实施的方法及步骤。

书中的项目都来源于我们的日常生产、生活实际，且结合教学需求精心组织，每个项目都包括“项目目标”、“项目任务”、“项目分析”、“项目实施”、“知识点链接”、“项目测试”、“项目评估”等模块，既保证了理论知识的层次性、系统性，又具有较强实践培训特点，重点培养和训练学习者的学习能力、操作能力、应用设计能力、岗位工作能力，对学生走上工作岗位并适应岗位有一定的帮助作用。

全书通过 12 个应用项目，讲述了 MCS-51 系列单片机的 I/O 口、指令系统、中断系统、存储器扩展、I/O 扩展、定时/计数器、串口通信、A-D 转换、D-A 转换等知识点，并结合实际项目进行了综合应用。

此外，书中设计了相应的基础知识测试和拓展能力测试内容，附录列出了与单片机技术应用有关的指令符号及含义、指令表、ASCII 码字符表、单片机仿真软件、Keil51 的使用。

本书全部项目的参考学时数为 72 学时。理论知识授课约 24 学时，实训室授课约 48 学时。各院校可以根据各自专业教学的要求和实验室配置对内容进行取舍。

本书由徐萍、张晓强、刘美玉、吴宽昌、雷怡然、朱玉超等共同完成本书的编写工作。徐萍任主编，负责全书的统稿工作。本书由济南电子机械工程学校的王波老师审稿，他为本书质量的进一步提高提出了宝贵的意见和建议。在本书的编写过程中，得到了山东省教学研究室、济南电子机械工程学校领导及山东省商贸学校领导的鼎力支持，他们对本教材的编写体系及内容提出了许多宝贵意见，并提供了大量的资料，在此一并表示感谢。

由于编者水平有限，书中难免存在错误和疏漏，恳请广大读者批评指正。

编　者

目录

项目一

蜂鸣器控制

项目目标

通过单片机控制蜂鸣器鸣叫，学会分析单片机最小系统的电路结构及各部分的功能，初步学习利用C语言编写单片机程序（C51）的方法，并能熟练运用C语言的基本指令编写简单程序，掌握常用的数据类型及简单运算符。

项目任务

要求应用AT89S52芯片，控制一只蜂鸣器发出规律的鸣叫声。设计单片机控制电路并编程实现此操作。

项目分析

本项目是一个单片机最小系统的简单应用。首先要设计一个单片机的最小系统，然后利用P1.0引脚输出电位的变化，控制蜂鸣器的鸣叫，P1.0引脚的电位变化可以通过指令来控制。

项目实施

在单片机应用中，首先应考虑硬件电路的设计，给出的控制程序和实际的电路结构必须是相对应的。

一、硬件电路设计

（一）硬件电路设计思路

使用AT89S52单片机芯片（含8KB片内程序存储器），外加振荡电路、复位电路、控制电路、电源，就组成了一个单片机最小系统。

对于电平驱动的蜂鸣器，只要在其正、负两极间加上合适的工作电压（1.5~5V），蜂鸣器即可鸣叫；将电压撤除，鸣叫即停止。但是蜂鸣器所需的工作电流较单片机能直接提供的电流大很多，因此需使用一只晶体管进行电流放大。利用蜂鸣器的工作特点，结合单片机P1口的P1.0引脚输出信号的状态，可以实现蜂鸣器的单片机控制。

（二）硬件电路设计相关知识

单片机种类繁多，就应用情况来看，使用最为广泛的当属Intel公司的MCS-51型单片机。MCS-51 型单片机分为 51 和 52 两个子系列。51 系列片内程序存储器通常是 4KB，而 52 系列为 8KB。本教材中我们采用 52 系列中的 AT89S52 芯片作为载体进行项目设计。

选用的 AT89S52 芯片共有 40 个引脚，采用双列直插式封装形式。引脚及外形图如图1-1所示。

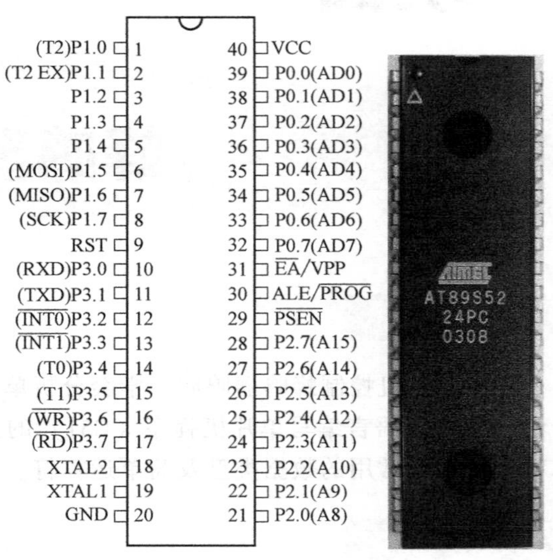

图 1-1　AT89S52 单片机芯片引脚及外形图

1. 主电源电路

VCC（40 脚）：接 5V 电源的正极，又称电源引脚；

GND（20 脚）：接 5V 电源的负极，又称接地引脚。

2. 时钟电路

MCS-51 型单片机时钟信号的提供有两种方式：内部方式和外部方式。

内部方式是指使用内部振荡器，这时只要在 XTAL1（19 脚）和 XTAL2（18 脚）之间外接石英晶体和微调电容器 C_1、C_2，如图 1-2a 所示，它们就和 MCS-51 的内部电路构成一个完整的振荡器，振荡频率和石英晶体的振荡频率相同。电容器 C_1 和 C_2 对频率有微调作用，选用陶瓷电容，电容值可在 18～47pF 范围内选取，典型值可取 30pF。振荡频率 f_{osc} 的选择范围为 1.2～12MHz，典型值为 6MHz 和 12MHz。

当使用外部信号源为 MCS-51 型单片机提供时钟信号时，对于 HMOS 芯片 XTAL1 接地，XTAL2 接外部信号源，如图 1-2b 所示；对于 CHMOS 芯片 XTAL1 接外部时钟信号，而 XTAL2 悬空，如图 1-2c 所示。

本项目采用 AT89S52 单片机芯片，使用芯片内部振荡器，因此在 XTAL2 和 XTAL1 之间外接 12MHz 石英晶体和 30pF 微调电容器 C_1、C_2 即可。

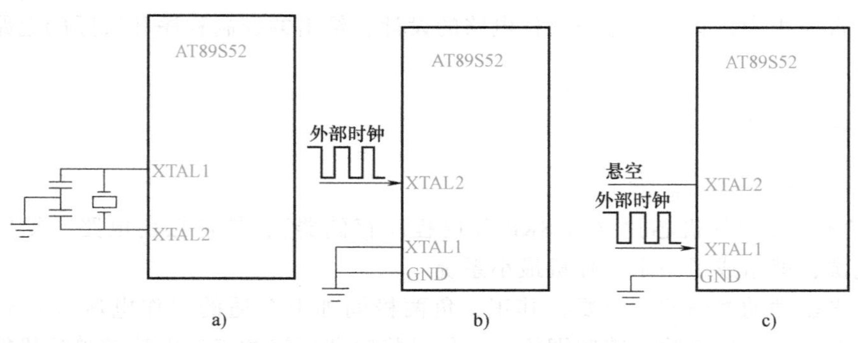

图 1-2　MCS-51 型单片机时钟电路

3. 复位电路

复位是单片机的初始化操作，可以使 CPU 以及其他功能部件都处于一个确定的初始状态，并从这个状态开始工作。除系统正常的上电（开机）外，在单片机工作过程中，如果

程序运行出错或操作错误使系统处于死机状态时，也必须复位使系统重新启动。

复位电路的基本功能是：系统上电时提供复位信号，直至系统电源稳定后，撤销复位信号。为可靠起见，电源稳定后还要经过一定的延时才撤销复位信号，以防电源开关或电源插头因分—合过程中引起的抖动而影响复位。RST/V_{PD}（9 脚）为复用引脚，其中 RST（Reset）为复位操作。当 RST 端保持两个机器周期以上的高电平时，单片机执行一次复位操作。执行一次复位后，内部各寄存器的状态见表 1-1，内部数据存储器（RAM）中的数据保持不变。

表 1-1　复位后各寄存器状态（×表示取值不定）

寄存器名	内容	寄存器名	内容
PC	0x0000	TH0	0x00
ACC	0x00	TL0	0x00
B	0x00	TH1	0x00
PSW	0x00	TL1	0x00
SP	0x07	TMOD	0x00
DPTR	0x0000	SCON	0x00
P0~P3	0xff	SBUF	不定
IP	×××00000B	PCON(HMOS)	0×××××××B
IE	0××00000B	PCON(CHMOS)	0×××0000B
TCON	0x00		

注：表中，数字前面加“0x”表示十六进制数，数字后面加“B”，表示二进制数。

复位有上电自动复位电路和按键复位电路两种，如图 1-3 所示。上电自动复位（图 1-3a）是利用复位电路电容充放电来实现的；而按键手动复位（图 1-3b）是通过电阻器 R_1 和按钮使 RST 端与 5V 电源接通而实现的，它兼具自动复位功能。

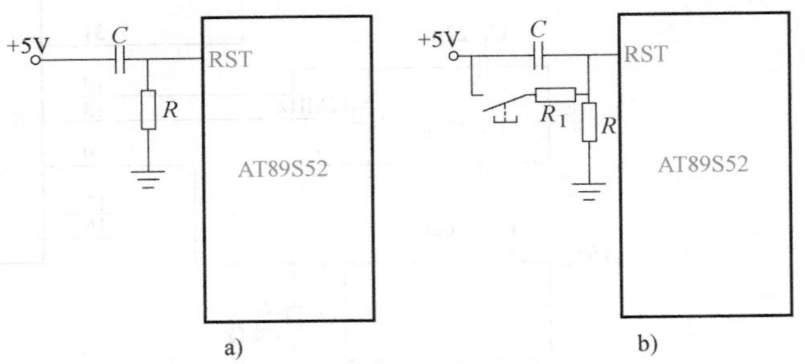

图 1-3　MCS-51 型单片机复位电路

电路中的电阻和电容组成一个典型的充放电电路，充放电时间 $T=1/(RC)$。根据理论计算结果可知，选择时钟频率为 12MHz 时，一个机器周期是 1μs，只要 $T>2\mu s$ 就可以可靠复位。因此当选择 $R=1k\Omega$ 时，只要 $C>0.002\mu F$ 即可。但是在实际的电路中，电容的充放电都会有一段时间的延时，故在设计本项目时，选择 $R=10k\Omega$，$C=22\mu F$。

4. 控制电路

$\overline{EA}$/VPP 引脚为复用引脚，其中，$\overline{EA}$（External Access）是访问程序存储器控制信号。当$\overline{EA}$为高电平时，CPU 访问片内程序存储器，即从片内 ROM 中读取指令并执行，但当程序计数器 PC 值超过 0x0fff（低 4KB）时，CPU 将自动转向外部 ROM 的 0x1000~0xffff（高 60KB）中读取指令。当$\overline{EA}$为低电平时，CPU 仅访问外部程序存储器。VPP 是编程电源输入，在对 E^2PROM 型单片机进行编程时，此端加 5V 的编程电压。

5. 蜂鸣器控制电路

蜂鸣器的正极通过 1kΩ 的电阻接到电源正极，负极与 NPN 型 9013 晶体管的集电极相连。当晶体管导通时，蜂鸣器负极通过晶体管接地，蜂鸣器就工作（鸣叫）。晶体管是否导通取决于基极电位，若基极电位为低电位（0），则晶体管截止；若基极电位为高电位（1），则晶体管导通。晶体管的基极通过 510Ω 的电阻与单片机芯片 AT89S52 的 P1.0 引脚连接，因此可以通过控制 P1.0 引脚的输出信号来控制晶体管的通断。

（三）电路原理图

本设计选用 AT89S52 单片机芯片，综合以上的分析，得到如图 1-4 所示电路原理图。

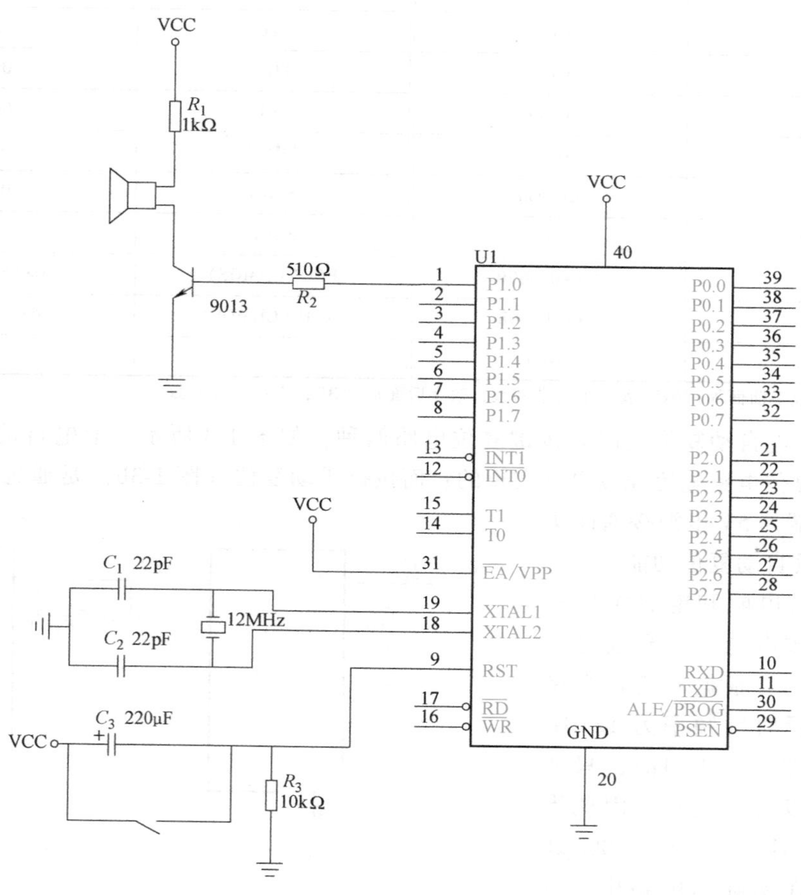

图 1-4 AT89S52 单片机控制蜂鸣器电路原理图

（四）材料表

从原理图 1-4 可以得到本项目所需的所有元器件。元器件的选择应该合理，以满足功能要求为原则，否则会造成资源的浪费。例如单片机芯片型号的选择：本项目比较简单，所需要的程序也不复杂，结合目前电子元件市场情况和教学需求，选择 AT89S52 芯片（片内有 8KB 程序存储器和 256B 的数据存储器）。查阅电子元件手册，可以得到按钮、晶振、电容、

晶体管、蜂鸣器的型号。选用的元器件清单见表 1-2。

表 1-2　元器件清单

序号	元器件名称	元器件型号	元器件数量	备注
1	单片机芯片	AT89S52	1 片	DIP 封装
2	蜂鸣器		1 只	DC5V，电磁式
3	晶体管	9013	1 只	NPN 型
4	晶振		1 只	12MHz
5	电容	22pF	2 只	瓷片电容
		220μF	1 只	电解电容
6	电阻	1kΩ	1 只	碳膜电阻
		10kΩ	1 只	碳膜电阻
		510Ω	1 只	碳膜电阻
7	按钮		1 只	无自锁，作为复位按键
8	40 脚 IC 座		1 片	安装 AT89S52 芯片

二、程序的编写

（一）绘制程序流程图

本项目可以使用简单程序设计中的顺序结构加循环结构的形式来实现，程序结构流程图如图 1-5 所示。

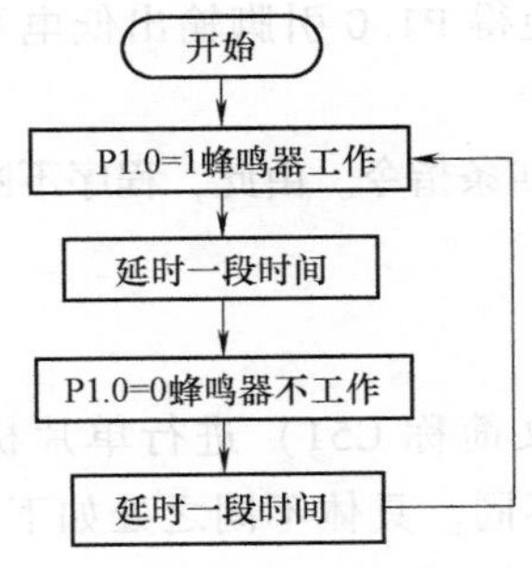

图 1-5　蜂鸣器控制程序结构流程图

（二）编制 C 语言程序

1. 参考程序清单

```
#include <reg52. h>                    //52 系列单片机头文件
#define   uchar unsigned char          //宏定义，定义 8 位无符号字符型变量
#define   uint   unsigned int          //宏定义，定义 16 位无符号整形变量
sbit   FMQ = P1^0;                     //声明位类型变量 FMQ 通过 P1.0 引脚控制
void main( )                           //主函数
{
```

```
    uint i;                              //定义 i 为 16 位无符号整形变量
    while(1)                             //大循环
    {
        FMQ=1;                           //蜂鸣器工作
        for(i=0;i<50000;i++);            //变量 i 小于 50000,自加 1,直到等于 50000 退出 for
                                           循环,
                                          //起到延时的作用
        FMQ=0;                           //蜂鸣器不响
        for(i=0;i<50000;i++);            //延时作用
    }
}
```

2. 程序执行过程

单片机上电或执行复位操作后，C 语言程序都从主函数开始执行。在执行主函数前，先引用头文件 reg52. h 和宏定义，并利用 sbit 指令将 P1. 0 引脚命名为位变量 FMQ。

进入主函数后，先定义一个 16 位无符号整型变量 i。

主函数中只有一个大循环 while 语句，由于 while 后的括号中为常数 1，相当于进入死循环状态。进入循环后，先执行“FMQ=1”，此时，P1. 0 引脚输出高电平，蜂鸣器响；下一条指令“for（i=0；i<50000；i++）”是 for 循环指令，先将 i 赋初值 0，再判断 i 是否小于 50000，满足条件即 i 小于 50000，则 i 就加 1，直到 i 等于 50000，退出 for 循环，本条指令结束；第三条指令“FMQ=0”，使得 P1. 0 引脚输出低电平，蜂鸣器不响；第四条指令与第二条执行情况相同。

四条指令执行完，重新循环这四条指令。由此，程序不断循环，蜂鸣器就不停地鸣叫了。

（三）相关指令学习

1. C51 指令系统简介

本书采用 C51 指令系统（后文简称 C51）进行单片机编程，C51 和 C 语言的语句、结构、顺序都很相似，但也有很多不同。具体不同之处如下：

1）C51 和 C 语言定义的库函数不同。C 语言定义的库函数是按通用微型计算机来定义的，而 C51 中的库函数是按 MCS-51 单片机相应情况来定义的。

2）C51 与 C 语言的数据类型也有一定的区别。在 C51 中还增加了几种针对 MCS-51 型单片机特有的数据类型。

3）C51 与 C 语言中变量的存储模式不一样。C51 中变量的存储模式是与 MCS-51 型单片机的存储器紧密相关的。

4）C51 与 C 语言的输入输出处理不一样。C51 中的输入输出是通过 MCS-51 型单片机的输入输出口来完成的。

5）C51 与 C 语言在函数使用方面也有一定的区别，C51 中有专门的中断函数。

C51 的运算符及表达式通常包含：赋值运算、算术运算、逻辑运算、位运算、复合赋值运算、逗号运算、条件运算、指针与地址运算。

2. 预处理命令

（1）#include　#include 的作用是将指定文件包含到当前文件中。其用法主要有两种：

#include <文件名>——从系统子目录中开始指定文件的查找，找到后嵌入到当前文件中；

#include“文件名”——从当前目录中开始指定文件的查找，找到后嵌入到当前文件中。

（2）#define 宏定义　#define 命令是 C 语言中的一个宏定义命令，它用来将一个标识符定义为一个字符串，该标识符被称为宏名，被定义的字符串称为替换文本。该命令常用格式：

#define 新名称　　原内容

注意：后面没有分号，#define 命令用它后面的第一个字母组合代替字母组合后面的所有内容，也就是相当于我们给“原内容”重新起一个比较简单的“新名称”，方便以后在程序中直接写简短的新名称，而不必每次都写烦琐的原内容。

例：#define uchar unsigned char，目的就是将 unsigned char 用 uchar 代替。

#define　uint　unsigned int，目的就是将 unsigned int 用 uint 代替。

在上面的程序中，当我们需要定义 unsigned int 型变量时，并没有写“unsigned int i;”而是“uint i;”。在一个程序代码中，只要宏定义过一次，那么在整个代码中都可以直接使用它的新名称。

注意：对同一内容，宏定义只能定义一次，若定义两次，将会出现重复定义的错误提示。

3. reg52. h 头文件的作用

在代码中引用头文件，其实际意义就是将这个头文件中的全部内容放到引用头文件的位置处，避免我们每次编写同类程序都要将头文件中的语句重复编写。

在代码中加入头文件有两种书写方法，分别是#include <reg52. h>和#include“reg52. h”，包含头文件时都不需要在后面加分号。

两种写法区别如下：

当使用< >包含头文件时，编译器先进入软件安装文件夹，开始搜索这个头文件，也就是在 Keil\C51\INC 这个文件夹下，如果没有引用的头文件，编译器就会报错。

当使用“ ”包含头文件时，编译器先进入到当前工程所在文件夹处开始搜索该头文件，如果当前工程所在文件夹下没有该头文件，编译器将继续回到软件安装文件夹处搜索这个头文件，若找不到该头文件，编译器报错。

注意：reg52. h 在软件安装文件夹中，所以一般写成#include <reg52. h>。

4. sbit 定义特殊功能寄存器的位变量

典型应用是：

sbit　P0_ 0=P0^0;即定义位变量 P0_ 0 为 P0 口的第 0 位，以便进行位操作。

bit 和 sbit 都是 C51 扩展的变量类型。在 C 语言中，如果直接写 P0. 0，但 C 编译器并不能识别，而且P0.0也不是一个合法的C语言变量名，所以得给它另起一个名字，这里起的名为P0_ 0，可P0_ 0是不是就是P0.0呢？C编译器可不这么认为，所以必须给它们建立联系，这里使用了Keil C的关键字sbit来定义，sbit的用法有三种：

第一种方法：sbit 位变量名=地址值

第二种方法：sbit 位变量名=SFR名称^变量位地址值

第三种方法：sbit 位变量名=SFR地址值^变量位地址值

如定义PSW中的OV可以用以下三种方法表达：

sbit OV=0xd2说明：0xd2是OV的位地址值

sbit OV=PSW^2说明：其中PSW的第二位是OV位

sbit OV=0xd0^2说明：0xd0就是PSW的地址值

因此本项目程序中用sbit FMQ=P1^0；就是定义用位变量FMQ来表示P1.0引脚，如果你愿意也可以起其他名字，只要下面程序中也随之更改就行了。

5. main（ ）主函数的写法

任何一个单片机C语言程序有且仅有一个main函数，它是整个程序开始执行的入口。

格式：void main（ ）

注意：后面没分号。

特点：无返回值，无参数。

无返回值表示该函数执行完后不返回任何值，main前面的void表示“空”，即不返回值的意思，后面我们讲到有返回值的函数时，大家可以进行对比学习。

无参数表示该函数不带任何参数，即main后面的括号中没有任何参数，我们只写“（ ）”就可以了，也可以在括号里加上void，表示“空”的意思，如void main（void）。

注意：在写完main（ ）之后，下面有一对大括号，这是C语言中函数写法的基本要求之一，即在一个函数中，所有的代码都写在这个函数的两个（一对）大括号内，每条语句结束加上分号，语句与语句之间可以用空格或回车符隔开。例如：

```
void main( )
{
//总程序在这里开始执行
/*其他语句*/
}
```

6. while 语句

while一般有两种形式：

形式1：while（判断表达式）{内部语句（内部可为空）}

特点：先判断表达式，后执行内部语句。执行语句运行完毕，自动返回继续判断

while 语句中判断表达式的条件是否符合，若符合，则继续执行内部语句；不符合，则退出循环。

原则：计算表达式的值，当值为真（非 0）时，执行循环体语句。否则跳出 while 语句，执行后面的语句。其执行过程如图 1-6 所示。

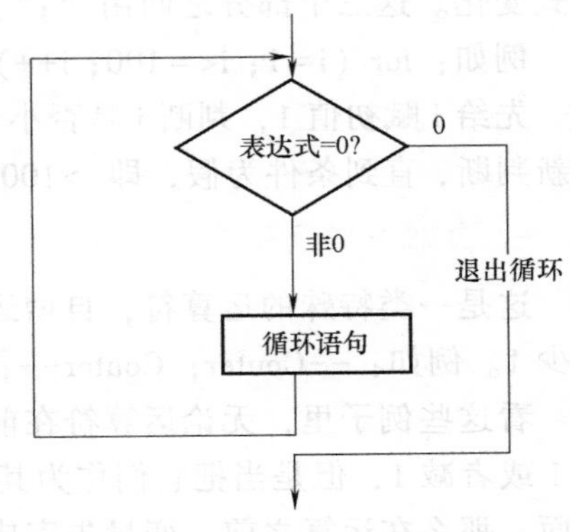

图 1-6　while 语句执行图

注意：1）在 C 语言中，我们一般把“0”认为是“假”，“非 0”认为是“真”，也就是说，只要不是 0 就是真，所以 1、2、3 等都是真。

2）内部语句可为空，就是说 while 后面的大括号里什么都不写也是可以的，例如“while（1）｛｝;”不过既然大括号里什么都没有，那么一般我们就可以直接将大括号也不写，写成”while（1）;”，其中“;”一定不能少，否则 while（1）会把跟在它后面的第一个分号前的语句认为是它的内部语句。

例如：

```
while(1)
P0=0x01;
P1=0xfe;
…
```

上面这个例子中，while（1）会把“P0=0x01;”当作它的内部语句，即使这条语句并没有加大括号。既然如此，那么我们以后在写程序时，如果 while（1）内部只有一条语句，就可以省去大括号，直接将这条语句跟在它的后面。

3）表达式可以是一个常数、一个运算式或一个带返回值的函数。

形式 2：do｛内部语句｝while（判断条件）

执行效果是先运行内部语句，再进行 while 条件判断，如果符合条件，则返回继续执行 do 后的内部语句，由此形成循环。

7. for 语句及简单延时语句

格式：for（表达式 1；表达式 2；表达式 3）｛语句（内部可为空）｝

执行过程：

第一步：先求解表达式 1。

第二步：求解表达式 2，若其值为真（非 0），则执行 for 语句后面｛｝中的语句；若其值为假（0），则结束循环，执行 for 语句的下一条指令。

第三步：求解表达式 3。

第四步：转回上面第二步继续执行。

for 语句最简单的应用形式也是最容易理解的形式如下：

for（循环变量赋初值；循环条件；循环变量增量）｛语句｝

循环变量赋初值是一个赋值语句，它用来给循环控制变量赋初值；循环条件是一个关系表达式，它决定什么时候退出循环；循环变量增量，定义循环控制变量每循环一次后按什么方式变化。这三个部分之间用“;”隔开。

例如：for（i=1；i<=100；i++）{ 语句 }；

先给 i 赋初值 1，判断 i 是否小于等于 100，若是则执行语句，之后 i 值增加 1。然后再重新判断，直到条件为假，即 i>100 时，结束循环。

8. 自增自减运算符

这是一类特殊的运算符，自增运算符++和自减运算符--对变量的操作结果是增加 1 和减少 1。例如：--Couter；Couter--；++Amount；Amount++；

看这些例子里，无论运算符在前面还是在后面对程序语句本身的影响都是一样的，都是加 1 或者减 1，但是当把它们作为其他表达式的一部分，两者就有区别了。运算符放在变量前面，那么在运算之前，变量先完成自增或自减运算；如果运算符放在后面，那么自增自减运算是在变量参加完表达式的运算后再进行运算。例如：

```
num1=4;num2=8; a=++num1;b=num2++;
```

a=++num1；这总的来看是一个赋值运算，把++num1 的值赋给 a，因为自增运算符在变量的前面，所以 num1 先自增加 1 变为 5，然后赋值给 a，最终 a 是 5。

b=num2++;这是把 num2++的值赋给 b，因为自增运算符在变量的后面，所以先把 num2 赋值给 b，b 应该为 8，然后 num2 自增加 1 变为 9。

c=num1+++num2;到底是 c=(num1++)+num2，还是 c=num1+(++num2)，这要根据编译器来决定，不同的编译器可能有不同的结果。所以我们在以后的编程当中，应该尽量避免出现上述复杂的情况。

三、程序编译与调试

1. 运行 Keil 软件

在桌面上双击 Keil μVision3 图标，打开 Keil 软件。软件的具体使用请参照附录 A，这里不再详述。

2. 新建 Keil 工程项目

Keil μVision3 启动后，程序窗口的左边有一个工程管理窗口。在主菜单中选择“Project（工程）→NEW Project（新工程）”，在出现的对话框中给该工程命名（如 FMQ），并保存到指定目录下。随后在出现的对话框中，选择 CPU 的厂家和型号（本项目选择 Atmel 公司的 AT89S52），单击“确定”即可。

3. 工程的设置

工程建立好以后，还要对工程进行进一步的设置，以满足要求。

首先单击左边 Project 窗口的 Target 1，然后使用菜单“P 工程→Option for target ‘target1’”或单击鼠标左键，选择“Option for target ‘target1’”，即出现对工程设置的对话框。设置对话框中的“目标”页面，将晶振频率设置为 12.0MHz。

设置对话框中的“Output（输出）”页面，选中“创建 HEX 文件”项。

4. 建立程序源文件

使用菜单“F 文件→新建”或者单击工具栏的新建文件按钮，即可在项目窗口的右侧打

开一个新的文本编辑窗口，在该窗口中输入项目中的参考程序。输入完成后单击“F 文件→保存”，在出现的对话框中键入文件名 1x1. C 即可。

注意：源文件就是一般的文本文件，不一定使用 Keil 软件编写，可以使用任意文本编辑器编写，而且 Keil 的编辑器对汉字的支持方面做得不太好，建议使用 UltraEdit 之类的编辑软件进行源程序的输入。

5. 将程序文件添加至工程项目

在工程窗口的文件列表中，“Target 1”前面有“+”号，单击“+”号展开，可以看到下一层的“SourceGroup1”，这时的工程还是一个空的工程，里面什么文件也没有，需要把编写好的源程序加入，单击“SourceGroup1”使其反白显示，然后，单击鼠标右键，出现一个下拉菜单。

单击对话框中“文件类型”后的下拉列表，找到并选中其中的“Add file to Group”→“Source Group1”，会出现一个对话框，要求寻找源文件。注意，该对话框下面的“文件类型”默认为 C source file（*.c，C 语言程序），也就是以 C 为扩展名的文件，在列表框中就可以找到 lx1. C 文件了。双击 lx1. C 文件或者单击“Add”按钮，将文件加入项目中。

6. 编译、连接

选择菜单“P 工程→B 创建目标”，对当前工程进行连接，如果当前文件已修改，软件会先对该文件进行编译，然后再连接以产生目标代码；如果选择“R 重建全部目标文件”，将会对当前工程中的所有文件重新进行编译然后再连接，确保最终生产的目标代码是最新的，而“Translate …”项则仅对该文件进行编译，不进行连接。以上操作也可以通过工具栏按钮直接进行。

编译过程中的信息将出现在输出窗口中的 Build 标签页中，如果源程序中有语法错误，会有错误报告出现，双击该行，可以定位到出错的位置，对源程序反复修改之后，最终编译成功，提示获得了名为“lx1. hex”的文件，该文件即可被编程器读入并写到芯片中，同时还产生了一些其他相关的文件，可被用于 Keil 软件的仿真与调试，这时便可以进入下一步的调试工作。

7. 将编译后的程序写入单片机芯片

正确连接 ISP 下载线或者串口，将编译正确后生成的“lx1. hex”下载到单片机芯片中。

8. Proteus 软件仿真

打开 Proteus 软件，新建一个设计文件，绘制蜂鸣器控制电路图，将在 Keil 软件中编译生成的“lx1. hex”导入单片机芯片，运行仿真，观察引脚电平的变化。

9. 实际电路中程序的运行

在试验台或者面包板上，完成如图 1-7 所示硬件电路的连接，通电后观察蜂鸣器鸣叫的情况。

10. 修改源程序中的延时程序时间

修改指令“for（i=0；i<50000；i++）”中 50000 的值，仔细观察蜂鸣器鸣叫频率的变化，理解延时的含义。

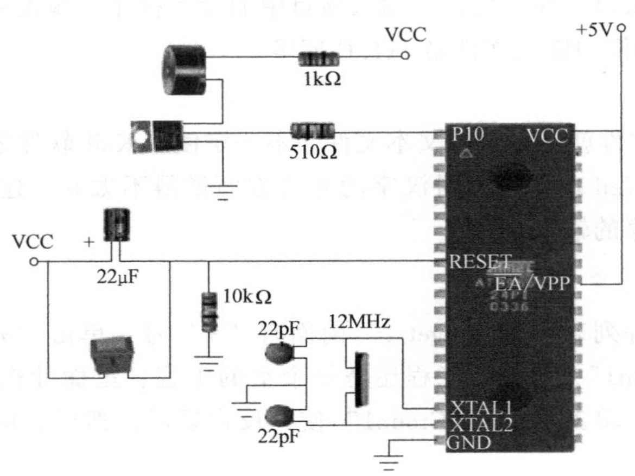

图 1-7 蜂鸣器控制电路硬件连接图

注意：i 的取值要在 0~65535 之间。

知识拓展

单片机常用编程语言

本项目中，我们学习了简单的单片机控制系统的电路设计及分析，明确了硬件电路与软件程序之间的对应关系。下面就来认识一下单片机的常用编程语言，学习并了解 51 单片机 C 语言（C51）的常用指令、数据类型、运算符等基本知识。

一、计算机语言

（一）指令和程序

指令是 CPU 根据人的意图来执行某种操作的命令。一台计算机所能执行的全部指令的集合称为这个 CPU 的指令系统。指令系统的功能强弱在很大程度上决定了这类计算机智能化程度的高低。

要使计算机按照人的思维完成一项工作，就必须让 CPU 按设定顺序执行各种操作，即一步步地执行每一条的指令。这种按人的要求编排的指令操作序列称为程序。程序就好像是一个晚会的节目单。编写程序的过程就称为程序设计。

（二）编程语言

如果要计算机按照人的意图办事，须设法让人与计算机对话，并听从人的指挥。程序设计语言是实现人机交换信息的最基本工具，可分为机器语言、汇编语言和高级语言。

（1）机器语言　机器语言用二进制编码表示每条指令，是计算机能直接识别并执行的语言。用机器语言编写的程序称为机器语言程序或指令程序。因为计算机只能直接识别和执行机器码程序，所以又称它为目标程序。

（2）汇编语言　用机器语言编写的程序不易记忆，不易查错，不易修改。为了克服上述缺点，可采用有一定含义的符号，即用指令助记符来表示，一般都采用某些相关的英文单词和缩写。这样就出现了另一种程序语言——汇编语言。

汇编语言是使用助记符、符号和数字等来表示指令的程序语言，容易理解和记忆，它与机器语言指令是一一对应的。汇编语言不像高级语言那样通用性强，而是属于某种计算机所独有，与计算机的内部硬件结构密切相关。用汇编语言编写的程序称为汇编语言程序。

（3）C 语言　以上两种程序语言都是低级语言。尽管汇编语言有不少优点，但它仍存在着机器语言的某些缺点，且与 CPU 的硬件结构紧密相关，不同的 CPU 其汇编语言是不同的。这使得汇编语言不能移植，使用不方便；其次，要用汇编语言进行程序设计，必须了解所使用 CPU 硬件的结构与性能，对程序设计人员有较高的要求。

C 语言作为一种非常方便的程序语言得到广泛的应用，很多硬件开发都使用 C 语言编程，例如各种单片机、DSP、ARM 等。C 语言程序本身不依赖于机器硬件系统，基本上不做修改或简单修改就可以将程序从不同的系统移植过来直接使用。C 语言提供了很多数学函数并支持浮点运算，开发效率高，可极大地缩短开发时间，增加程序的可读性和可维护性。

C 语言常用语法简单，尤其是单片机的 C 语言常用语法更少，容易掌握，结合本项目进行学习，可以很好地与实践相结合，记忆深刻。

二、单片机 C 语言程序流程

在利用 C 语言编写单片机程序时，通常采用如图 1-8 所示的流程。

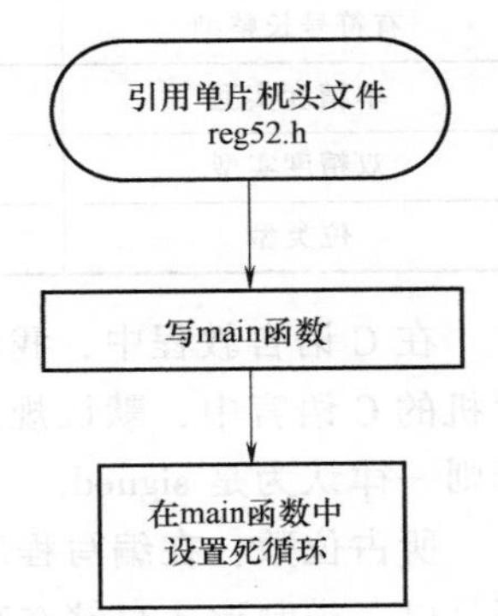

图 1-8　单片机 C 语言程序流程

根据以上流程，给出单片机 C 语言程序基本框架：

```
#include <reg52. h>    //引用 S52 单片机头文件
void   main(void)        //主程序 main 函数
{
    while(1)   // while(1)死循环
    {
        //在此处编写控制程序
    }
}
```

三、C51 中的基本数据类型

我们通过一个简单的例子来说明什么是数据类型。

设 $X=10$，$Y=A$，$Z=X+Y$，求 $Z=$？我们将 10 和 A 分别赋给 X 和 Y，再将 $X+Y$ 赋给 Z。由于 10 已经固定，我们称 X“常量”；由于 Y 的值随 A 值的变化而变化，Z 的值随 $X+Y$ 值的变化而变化，因此我们称 Y 和 Z 为“变量”。

在我们日常计算时，X 和 Y 的值可以赋给它任意大小的数，但当我们给单片机编程时，在单片机运算中，这个“变量”数值的大小是有限制的，即不能随意给一个变量赋值。因为变量在单片机的存储器中要占据的空间大小不同，变量表示的数大小就不同。为了合理利用单片机存储器的空间，在编程时要设定合适的数据类型，而不同的数据类型代表十进制中不同的数据大小，所以在设定变量前，必须要声明这个变量的类型，以便让编译器提前从单片机存储器中给这个变量分配合适的空间。单片机C语言中常用的数据类型见表1-3。

表1-3 单片机C语言中常用的数据类型

数据类型	关键字	所占位数	表示数的范围
无符号字符型	unsigned char	8	0~255
有符号字符型	char	8	-128~127
无符号整型	unsigned int	16	0~65535
有符号整型	int	16	-32768~32767
无符号长整型	unsigned long	32	$0\sim2^{32}-1$
有符号长整型	long	32	$-2^{31}\sim2^{31}-1$
单精度实型	float	32	$3.4e^{-38}\sim3.4e^{38}$
双精度实型	double	64	$1.7e^{-308}\sim1.7e^{308}$
位类型	bit	1	0、1

在C语言教程中，我们还会看到有short int、long int、signed short int等数据类型，在单片机的C语言中，默认规则如下：short int即为int，long int即为long，前面若无unsigned符号则一律认为是signed。

所占位数：在编写程序时，无论是十进制、十六进制还是二进制表示的数，在单片机中都是以二进制形式存储在存储器中的。二进制只有0和1两个数，每一个所占的空间就是一位（bit），位是单片机存储器中最小的单位。

字节：比位大的单位是字节（B），一个字节包含8个位（即1B=8bit）。从表1-3可以看到，除了位，字符型所占存储空间最小，是8位，双精度实型最大，是64位。

四、C51数据类型扩充定义

单片机内部有很多的特殊功能寄存器，每个寄存器在单片机内部都分配有唯一的地址。一般我们会根据寄存器功能的不同给寄存器赋予各自的名称。当我们需要在程序中操作这些特殊功能寄存器时，必须要在寄存器的最前面将这些名称加以声明，声明的过程实际就是将这个寄存器在内存中的地址编号赋于这个名称。这样编译器在以后的程序中才可以得知这些名称所对应的寄存器。对于大多数初学者来说，这些寄存器的声明已经完全被包含在51系列单片机的特殊功能寄存器声明头文件“reg52.h”中了，完全可以暂不操作它。

Sfr——特殊功能寄存器的数据声明，声明一个8位的寄存器。

sfr16——16位特殊功能寄存器的数据声明。

Sbit——特殊功能位声明，也就是声明某一个特殊功能寄存器中的某一位。

Bit——位变量声明，当定义一个位变量时可使用此符号。

例如：sfr SCON=0x98;

SCON是单片机的串行口控制寄存器。这个寄存器在单片机内存中的地址为0x98。这样声明以后，我们要操作这个控制寄存器时，就可以直接对SCON进行操作。同时编译器也会明白，实际要操作的是单片机内部0x98地址处的寄存器。而SCON仅仅是这个地址的一个代号或名称而已，当然，我们也可以将它定义成其他的名称。

例如：sfr16T2=0xcc；

声明一个16位的特殊功能寄存器，它的起始地址为0xcc。

例如：sbitTI=SCON^1；

SCON是一个8位寄存器，SCON^1表示这个8位寄存器的次低位，最低位为SCON^0；SCON^7表示这个寄存器的最高位。该语句的功能就是将SCON寄存器的次低位命明为TI，以后若要对SCON寄存器的次低位操作，则可以直接操作TI。

五、C51中常用的头文件

通常有reg51.h，reg52.h，math.h，ctype.h，stdio.h，stdlib.h，absacc.h，intrins.h。

但常用的却只有reg51.h或reg52.h，math.h，absacc.h，intrins.h。

reg51.h和reg52.h是定义51单片机或52单片机特殊功能寄存器或位寄存器的，这两个头文件中大部分内容是一样的，52单片机比51单片机多一个定时器T2，因此，reg52.h中也就比reg51.h中多T2寄存器的内容。

math.h是定义常用数学运算的，比如求绝对值、求方根、求正弦和余弦等，该头文件中包含有各种数学运算函数，当我们需要使用时可以直接调用它的内部函数。

六、C51中的运算符

C51算数运算符、关系（逻辑）运算符、位运算符见表1-4~表1-6。

表1-4　算术运算符

算数运算符	含义
+	加法
-	减法
*	乘法
/	除法
++	自加
--	自减
%	求余运算

表1-5　关系（逻辑）运算符

关系(逻辑)运算符	含义
>	大于
>=	大于等于
<	小于
<=	小于等于
==	测试相等
!=	测试不等
&&	与
||	或
!	非

表 1-6　位运算符

位运算符	含义
&	按位与
|	按位或
^	异或
~	取反
>>	取反右移
<<	左移

七、C51 中的基础语句

C51 中用到的基础语句见表 1-7。

表 1-7　C51 中的基础语句

基础语句	类型
if	选择语句
while	循环语句
for	循环语句
switch/case	多分支选择语句
do-while	循环语句

项目测试

一、填空题

1. 在蜂鸣器控制项目中，为了驱动蜂鸣器发声，应在单片机引脚和蜂鸣器之间安装一个________，起到放大电流的作用。

2. 在蜂鸣器控制项目中，蜂鸣器响时，单片机引脚电平输出为____信号，蜂鸣器不响时则输出____信号。

3. 用 C 语言编写单片机程序时，应该在程序开头声明包含 52 系列单片机头文件，写作______________________________。

4. 在 C 语言中，定义 8 位无符号变量时用宏定义语句______________________________。

5. 在 C 语言中，定义 16 位无符号变量时用宏定义语句______________________________。

二、选择题

1. 单片机最小系统中提供单片机工作脉冲信号的是（　　）。

A. 电源　　B. 控制电路　　C. 时钟电路　　D. 复位电路

2. MCS-51 单片机最小工作系统中，具有复位功能的电路是（　　）。

A. 时钟电路　　B. 复位电路　　C. 控制电路　　D. 电源电路

3. MCS-51 单片机最小系统中，时钟电路中的晶振频率通常选用（　　）。

A. 4MHz　　B. 2MHz　　C. 8MHz　　D. 12MHz

4. C 语言编程时，我们通常使用（　　）语句实现延时的目的。

A. if　　B. =　　C. for　　D. sbit

5. C 程序中，下列函数名称中用作主函数的是（　　）。

A. delay　　B. saomiao　　C. main　　D. scan

6. 蜂鸣器的工作电流比单片机的输出电流（　　）。

A. 大　　B. 小　　C. 相等　　D. 不确定

三、简答题

1. 什么是单片机最小系统？单片机最小系统包括几个基本电路，各自的功能是什么？

2. 若想让蜂鸣器鸣叫时间比不叫的时间长一倍，怎样编写程序？

3. 若将电路中的蜂鸣器换成发光二极管，电路应如何设计？试绘制电路图。

项目评估

项目评估表

评价项目	评价内容	配分	评价标准	得分
电路分析	电路基础知识	20	掌握单片机芯片对应引脚的名称、序号、功能 5 分	
			掌握单片机最小系统原理分析 10 分	
			认识电路中各元器件功能及型号 5 分	
电路搭建	在实训台选择对应的模块及元器件	10	模块及元器件选择合理	
程序编制、调试、运行	指令学习	20	能正确理解指令功能 5 分	
			理解指令在程序中的实际意义 10 分	
			能根据要求选择适合的指令 5 分	
	程序分析、设计	20	能正确分析程序功能 10 分	
			能根据要求设计功能相似程序 10 分	
	程序调试与运行	20	程序输入正确 5 分	
			程序编译仿真正确 5 分	
			能修改程序并分析 10 分	
安全文明生产	使用设备和工具	5	正确使用设备和工具	
团结协作意识	集体意识	5	各成员分工协作，积极参与	

项目二

8位流水灯控制

项目目标

通过单片机控制8只发光二极管的顺序点亮，学会使用MCS-51单片机芯片的P1口进行输出控制，进一步学习C51编写软件延时程序的方法，并能熟练运用左移、右移等基本指令。

项目任务

要求应用AT89S52芯片，控制8只发光二极管的有序亮灭，呈现流水灯的效果。设计单片机控制电路并编程实现此功能。

项目分析

利用单片机P1口连接8只发光二极管，利用各引脚输出电位的变化，控制发光二极管的亮灭。P1口各引脚的电位变化可以通过指令来控制。为了清楚地分辨发光二极管的点亮和熄灭，在P1口输出信号由一种状态向另一种状态变化时，编写延时程序实现一定的时间间隔。

项目实施

一、硬件电路设计

（一）硬件电路设计思路

在AT89S52单片机芯片及基本外围电路组成的单片机最小系统基础上，利用输入/输出口P1的8个引脚控制8只发光二极管，形成8位流水灯的效果。

由于发光二极管具有普通二极管的共性——单向导电性，因此只要在其两极间加上合适的正向电压，发光二极管即可点亮；将电压撤除或加反向电压，发光二极管即熄灭。根据发光二极管的特性，结合单片机P1口的输出信号，即可实现流水灯的控制效果。

（二）硬件电路设计相关知识

MCS-51单片机设有4个8位并行I/O端口P0、P1、P2、P3，在无片外存储器的系统中，这4个I/O口的每一位都可以作为准双向通用I/O口使用，用于传送数据和地址信息。4个并行I/O口的引脚分配如图2-1所示。

图 2-2 所示为 P1 口中某一位的位结构电路图。当作为输出口时，1 写入锁存器，$\overline{Q}=0$，VT2 截止，内部上拉电阻将电位拉高，此时该位输出为 1；当 0 写入锁存器，$\overline{Q}=0$，VT2 导通，输出则为 0。作为输入口时，锁存器置 1，$\overline{Q}=0$，VT2 截止。从而保证数据输入的正确性。

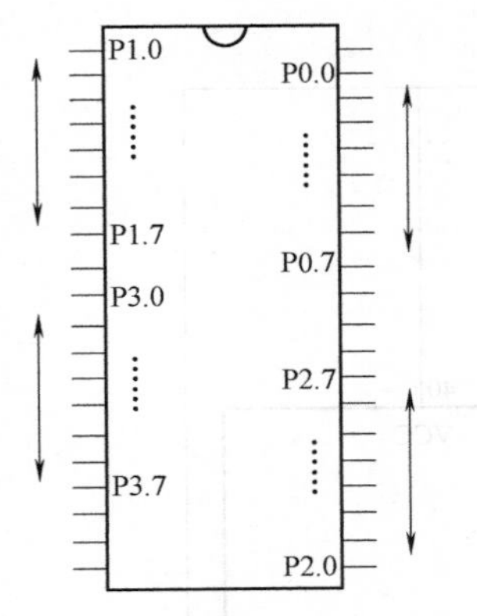

图 2-1　MCS-51 单片机 I/O 引脚分配

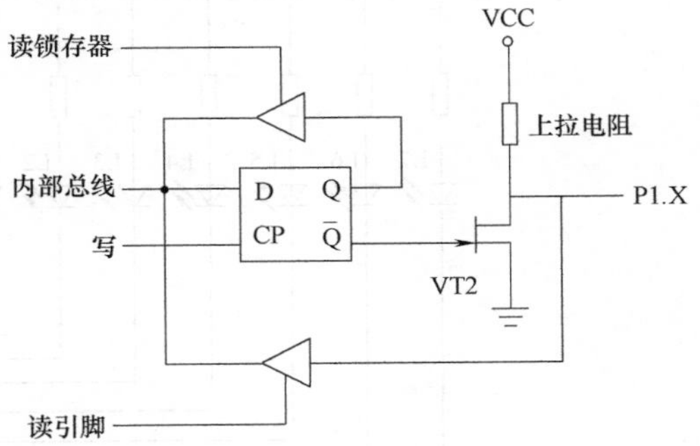

图 2-2　MCS-51 系列单片机 P1 口位结构电路图

需要说明的是，作为输入口使用时，有两种情况：

1）首先是读锁存器的内容，进行处理后再写到锁存器中。这种操作即：读——修改——写操作。

2）读 P1 口状态时，打开三态门，将外部状态读入 CPU。

在本项目中，使用 AT89S52 单片机芯片的 P1 口直接驱动 8 只发光二极管，控制它们的亮灭。

注意：在设计电路时，发光二极管的连接方法有两种：若将它们的阴极连接在一起，则阳极信号受控制，即构成共阴极接法；若将它们的阳极连接在一起，阴极信号受控制，即构成共阳极接法。发光二极管的连接方法如图 2-3 所示。

由于 P1 口引脚输出高电位时电压大约是 5V，为保证发光二极管的可靠工作，必须在发光二极管和单片机输出引脚间连接一只分压电阻。其电阻值的选取可以按照发光二极管的工作电流计算得到：普通发光二极管的工作电流约为 20mA；高亮型发光二极管的工作电流约为 10mA；超高亮型发光二极管的工作电流约为 5mA。对于不同颜色、不同类型的发光二极管导通时的压降也不同，一般为 2.0~3.2V。本设计选

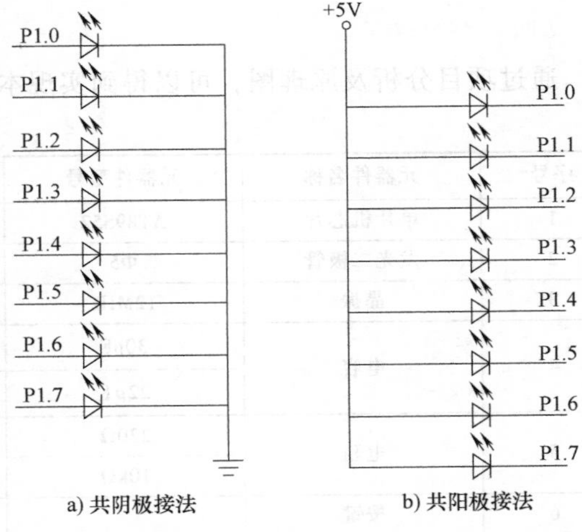

图 2-3　发光二极管的连接方法

用普通红、黄、绿颜色的发光二极管，电阻取 220Ω。

（三）电路原理图

本设计选用 AT89S52 单片机芯片，利用片内程序存储器进行控制，因此 $\overline{EA}$/VPP 引脚接高电位。

综合以上设计，得到如图 2-4 所示的 8 位流水灯电路原理图。

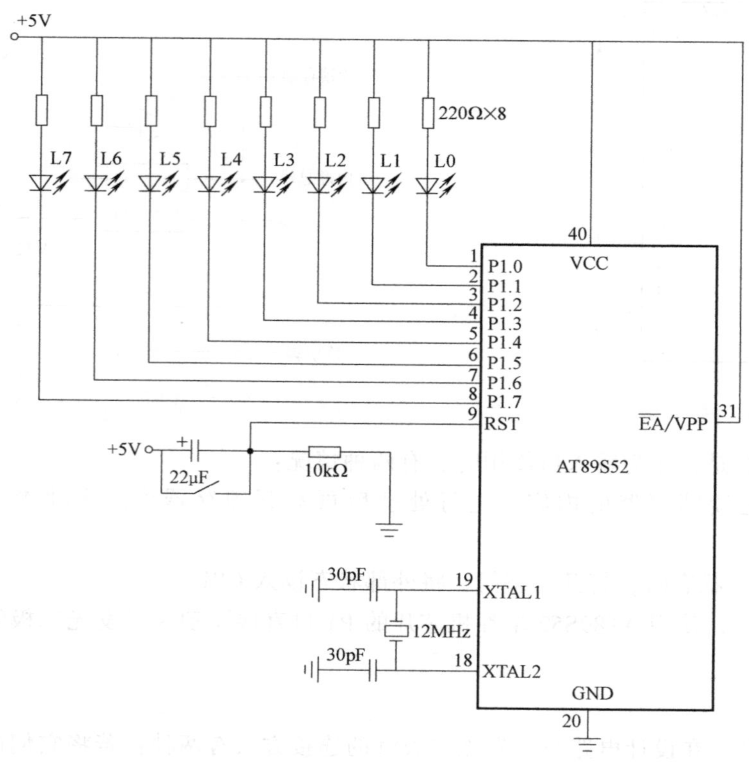

图 2-4　单片机控制 8 位流水灯电路原理图

（四）材料表

通过项目分析及原理图，可以得到实现本项目所需的元器件，元器件清单见表 2-1。

表 2-1　元器件清单

序号	元器件名称	元器件型号	元器件数量	备注
1	单片机芯片	AT89S52	1 片	DIP 封装
2	发光二极管	Φ5	8 只	普通型红、黄、绿均可
3	晶振	12MHz	1 只	
4	电容	30pF	2 只	瓷片电容
		22μF	1 只	电解电容
5	电阻	220Ω	8 只	碳膜电阻
		10kΩ	1 只	碳膜电阻
6	按键		1 只	无自锁
7	40 脚 IC 座		1 片	安装 AT89S52 芯片

二、控制程序的编写

（一）绘制程序流程图

本控制依然可以使用简单程序设计中的顺序结构及简单循环结构形式实现，程序结构流程图如图 2-5 所示。

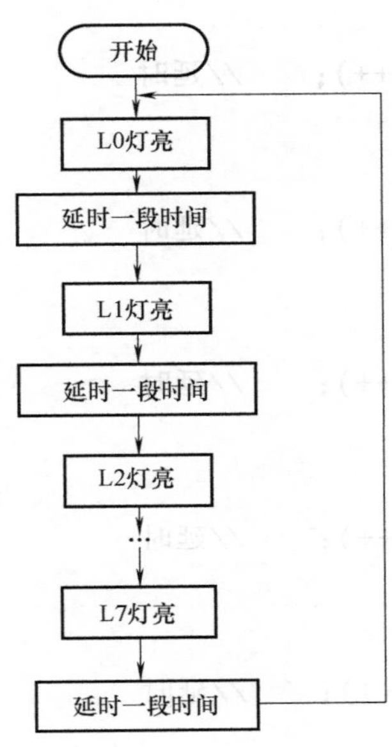

图 2-5　8 位流水灯控制程序结构流程图

（二）编写 C 语言程序

1. 参考程序清单

```
#include <reg52. h>  //52 系列单片机头文件
#define   uchar unsigned char   //定义 8 位无符号字符型变量
#define   uint unsingned int   //定义 16 位无符号整型变量
sbit   L0=P1^0;      //定义 L0 表示 P1. 0
sbit   L1=P1^1;      //定义 L1 表示 P1. 1
sbit   L2=P1^2;      //定义 L2 表示 P1. 2
sbit   L3=P1^3;      //定义 L3 表示 P1. 3
sbit   L4=P1^4;      //定义 L4 表示 P1. 4
sbit   L5=P1^5;      //定义 L5 表示 P1. 5
sbit   L6=P1^6;      //定义 L6 表示 P1. 6
sbit   L7=P1^7;      //定义 L7 表示 P1. 7
void main( )
{
    uint i;     //定义变量 i
```

```
    while(1)
    {
        L0=0;      // L0 点亮
        for(i=0;i<40000;i++);      //延时
        L0=1; // L0 熄灭
        L1=0; // L1 点亮
        for(i=0;i<40000;i++);      //延时
        L1=1; // L1 熄灭
        L2=0; // L2 点亮
        for(i=0;i<40000;i++);      //延时
        L2=1; // L2 熄灭
        L3=0; // L3 点亮
        for(i=0;i<40000;i++);      //延时
        L3=1; // L3 熄灭
        L4=0; // L4 点亮
        for(i=0;i<40000;i++);      //延时
        L4=1; // L4 熄灭
        L5=0; // L5 点亮
        for(i=0;i<40000;i++);      //延时
        L5=1; // L5 熄灭
        L6=0; // L6 点亮
        for(i=0;i<40000;i++);      //延时
        L6=1; // L6 熄灭
        L7=0; // L7 点亮
        for(i=0;i<40000;i++);      //延时
        L7=1; // L7 熄灭
        for(i=0;i<40000;i++);      //延时
    }
}
```

2. 程序执行过程

单片机上电或执行复位操作后，程序从主函数开始执行。在执行主函数前，先引用头文件 reg52.h 和宏定义，并利用 sbit 指令将 P1.0 引脚重新命名为 L0，将 P1.1 引脚重新命名为 L1……

进入主函数后，先定义一个 16 位无符号整型变量 i。

主函数中只有一个大循环 while 语句。进入循环后，第一条指令是执行“L0=0”，此时，P1.0 引脚输出低电平，发光二极管 L0 导通并点亮；第二条指令“for (i=0; i<40000; i++);”是延时作用；第三条指令“L0=1”，使得 P1.0 引脚输出高电平，发光二极管 L0 截止并熄灭；第四条指令“L1=0”与第一条执行情况相似，发光二极管 L1 导通并点亮；第

五条指令实现延时；后面指令依次重复上述指令的功能；倒数第二条指令“L7=1”，使得P1.7引脚输出高电平，发光二极管L7截止并熄灭。

所有指令执行完，发光二极管L0~L7依次点亮一遍。由于while指令括号中的表达式是1，则重新循环这些指令。由此，程序不断循环，8只发光二极管就不断循环点亮了。

（三）相关指令学习

1. 不带参数函数的写法及调用

C语言程序是由函数构成的。所谓函数，就是把经常用到的语句群定义为一个函数，在程序用到时调用，这样就可以减少重复编写程序的麻烦，也便于阅读和修改。

一个C语言源程序至少包含一个名为main的函数（主函数）。也可能包含其他函数。C语言程序总是由main（ ）开始执行的，它是程序的起点。

在以上程序中，每次点亮一只发光二极管后，都有一条“for（i=0；i<40000；i++）；”指令，通过执行本条指令达到延时的目的。但是同样的指令使得程序重复率高，写程序比较麻烦。在C语言代码中，如果一些语句不只用到一次，而且语句内容都相同，我们可以将它们写成一个不带参数的子函数。当在主函数中需要用到这些语句时，直接调用这个子函数就可以了。因此上面这个for语句可以写作：

```
void delay( )
{
     for(i=0;i<40000;i++);
}
```

其中，void表示这个函数执行完后不返回任何数据，即它是一个无返回值的函数。delay是函数名，函数名称我们可以随便起，但是不能和C语言中的关键字相同。写成delay、Delay、yanshi等都是可以的，一般写成方便记忆或者易于读懂的名字，即一看到函数名就知道此函数的功能。紧跟函数名后面的括号里没有任何数据或符号（即C语言当中的“参数”），因此这个函数是一个无参数的函数。下面的大括号中包含着它要实现的程序语句。

子函数可以写在主函数的前面或者后面，不能写在主函数里面。当写在后面时，必须在主函数前声明子函数，声明方法如下：将返回值特性、函数名及后面的小括号完全复制，若是无参函数，则小括号内为空；若是有参函数，则在小括号的后面必须加上分号“；”。当子函数写在主函数前面时，不需要声明，因为写函数体的同时就已经相当于声明了函数本身。

【例2-1】 写出一个完整的调用子函数的程序，控制本项目8只发光二极管L0~L7依次点亮。

```
#include <reg52. h>   //52系列单片机头文件
#define   uchar unsigned char   //定义8位无符号字符型变量
#define   uint unsingned int   //定义16位无符号整型变量
sbit   L0=P1^0;      //定义L0表示P1.0
sbit   L1=P1^1;      //定义L1表示P1.1
sbit   L2=P1^2;      //定义L2表示P1.2
```

```
sbit  L3 = P1^3;      //定义 L3 表示 P1.3
sbit  L4 = P1^4;      //定义 L4 表示 P1.4
sbit  L5 = P1^5;      //定义 L5 表示 P1.5
sbit  L6 = P1^6;      //定义 L6 表示 P1.6
sbit  L7 = P1^7;      //定义 L7 表示 P1.7
void delay( );      //声明延时子函数
void main( )
{
   while(1)
   {
      L0 = 0;      // L0 点亮
      delay( );
      L0 = 1; // L0 熄灭
      L1 = 0; // L1 点亮
      delay( );
      L1 = 1; // L1 熄灭
      L2 = 0; // L2 点亮
      delay( );
      L2 = 1; // L2 熄灭
      L3 = 0; // L3 点亮
      delay( );
      L3 = 1; // L3 熄灭
      L4 = 0; // L4 点亮
      delay( );
      L4 = 1; // L4 熄灭
      L5 = 0; // L5 点亮
      delay( );
      L5 = 1; // L5 熄灭
      L6 = 0; // L6 点亮
      delay( );
      L6 = 1; // L6 熄灭
      L7 = 0; // L7 点亮
      delay( );
      L7 = 1; // L7 熄灭
      delay( );
   }
}
void delay( )
```

```
{
    uint i;      //定义变量 i
    for(i=0;i<40000;i++);
}
```

在上面的例子中，我们利用 for 语句实现了一段时间的延时，利用“uint　i;”定义了一个 16 位的无符号整型变量。当然也可以写成下面的形式：

```
for(i=40000;i>0;i--);
```

延时效果是一样的。但是如果定义 8 位无符号字符型变量，由于其最大值只到 255，所以要实现长时间的延时，就需要采用嵌套语句实现：

```
unsigned char i,j;
for(i=200;i>0;i--)
    for(j=200;j>0;j--);
```

注意：这个例子是 for 语句的两层嵌套，注意第一条语句后面没有分号，编译器默认第二个 for 语句是第一个 for 语句的内部语句，第二个 for 语句的内部语句为空。在执行程序时，第一个 for 语句中的 i 每减一次，第二个语句便执行 200 次。因此上面这个程序共执行 200 次×200=40000 次 for 语句。通过这种嵌套可以实现比较长时间的延时，我们还可写成 3 层、4 层嵌套来增加时间。

在 Keil 仿真软件模拟延时语句的延时时间时，将晶振频率调整到 12MHz，执行以下语句：

```
unsigned char i;
for(i=110;i>0;i--);
```

测得用时大约 1000μs 即 1ms，我们可以将这条语句记录下来，作为写延时语句的依据。

【例 2-2】 编写一个延时 1s 的子函数（单片机使用晶振频率为 12MHz）。

```
void delay 1s( )
{
    uint i,j;      //定义 16 位变量 i,j
    for(i=0;i<1000;i++)
        for(j=0;j<110;j++);
}
```

2. 带参数函数的写法及调用

在上面的例子中，i=1000 时延时 1s，若 i=500 则延时 500ms。那么如果我们要改变延时时间，就要改变 i 的赋值，还可以通过带参数的子函数来解决这个问题。写法如下：

```
void delayms(unsigned int xms)
{
    uint i,j;
```

```
        for(i= xms;i>0;i--)
            for(j=110;j>0;j--);
    }
```

上面代码中 delayms 后面的括号中多了一句“unsigned int xms”，这就是这个函数所带的一个参数，xms 是一个 unsigned int 型变量，又叫这个函数的形参。在调用此函数时我们用一个具体真实的数据代替此形参，这个真实数据被称为实参。形参被实参代替之后，在子函数内部所有与形参名相同的变量将都被实参代替。在子函数声明时，必须将参数类型带上，如果有多个参数，各个参数类型都要写上，类型后面可以写变量名，也可以不写变量名。举例如下：

【例 2-3】 编写一个完整的程序，利用单片机 P1.0 引脚控制一只发光二极管闪烁，闪烁要求是亮 300ms，灭 600ms。完整代码如下：

```
#include <reg52.h>   //52 系列单片机头文件
#define   uchar unsigned char   //定义无符号字符型
#define   uint unsingned int   //定义无符号整数型
sbit   LED=P1^0;        //定义 LED 表示 P1.0
void delayms(uint xms); //声明子函数
void main( )            //主函数
{
    while(1)            //大循环
    {
        LED=0;          // LED 点亮
        delayms(300);//延时 300ms
        LED=1;          // LED 熄灭
        delayms(600); //延时 600ms
    }
}
void delayms(uint xms)
{
    uint i,j;
    for(i=xms;i>0;i--)          // i=xms 即延时 xms 毫秒
        for(j=0;j<110;j++);
}
```

3. 移位指令

本项目中的参考程序，是利用位定义指令 sbit 将 8 只发光二极管进行逐个声明的，大家学习起来简单，但是程序书写起来烦琐。既然单片机的并行 I/O 口具有 8 位并行传送数据的功能，那么我们学习 4 条移位指令，就可以使编写的程序简洁一些。

（1）左移指令“<<” C51 中，每执行一次“<<”左移指令，被操作的数就将最高位

移入单片机的PSW寄存器的CY位，CY位中原来的数据丢弃，被操作数的最低位补0，其他位依次向左移动1位，得到一个新的8位数据，如图2-6所示。

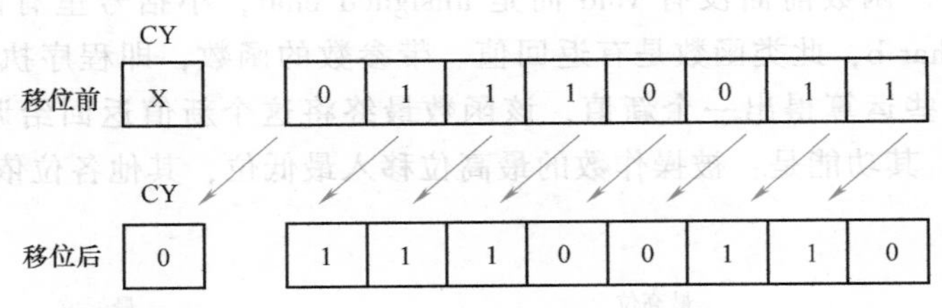

图2-6　左移指令示意图

左移指令的书写格式为

```
变量1<<变量2
```

功能是：将变量1的二进制值向左移动变量2所示的位数。

【例2-4】 将变量a=14，左移2位，写出指令和结果。

解： a=(a<<2)

a=14=1110B，左移1位是00011100B，再左移1位是00111000B，转换成十进制是56。

（2）右移指令“>>” C51中，每执行一次“>>”左移指令，被操作的数就将最低位移入单片机的PSW寄存器的CY位，CY位中原来的数丢弃，被操作数的最高位补0，其他位依次向右移动1位，得到一个新的8位数据，如图2-7所示。

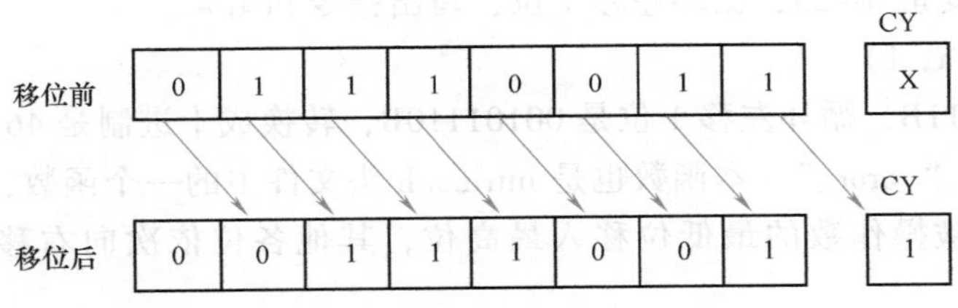

图2-7　右移指令示意图

右移指令的书写格式为

```
变量1>>变量2
```

功能是：将变量1的二进制值向右移动变量2所示的位数。

【例2-5】 将变量a=14，右移1位，写出指令和结果。

解： a=(a>>1)

a=14=1110B，右移1位是00000111B，转换成十进制是7。

注意： 1）以上两种指令移位前和移位后，被移位数据的最高位或者最低位都是用0来补的，这样使得多次移位后，数据趋近于全0。

2）当被移位数据较小时（小于127），左移1位相当于乘2；当被移动数据是偶数时，右移1位相当于除2。

（3）循环左移“_crol_” 在C51自带的函数中，有逻辑循环函数，包含在intrins.h

头文件中，如果在程序中要用到相应函数，必须在程序的开头包含这个头文件。在 Keil 软件中打开 intrins. h 头文件，可以看到相关描述为“unsigned char_ crol_ （unsigned char c, unsigned char b）;”。函数前面没有 void 而是 unsigned char，小括号里有两个形参 unsigned char c，unsigned char b，此类函数是有返回值、带参数的函数，即程序执行完这个函数后，通过函数内部的某些运算得出一个新值，该函数最终将这个新值返回给调用它的语句。_crol_ 就是函数名。其功能是：被操作数的最高位移入最低位，其他各位依次向左移动 1 位，如图 2-8 所示。

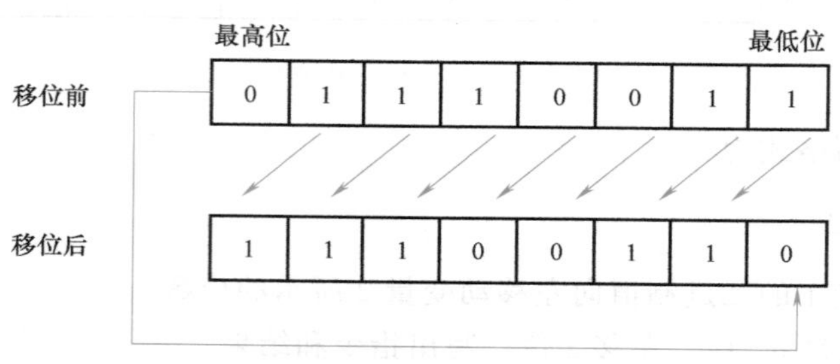

图 2-8　循环左移示意图

循环左移指令的书写格式为

crol(变量 1,变量 2)

功能是：将变量 1 的二进制值向左循环移动变量 2 所示的位数。

【例 2-6】　将变量 a=23，循环左移 1 位，写出指令和结果。

解： a=_crol_(a, 1)

a=23=00010111B，循环左移 1 位是 00101110B，转换成十进制是 46。

（4）循环右移“_cror_”　本函数也是 intrins. h 头文件中的一个函数，其用法与_ crol_ 类似。其功能是：被操作数的最低位移入最高位，其他各位依次向右移动 1 位，如图 2-9 所示。

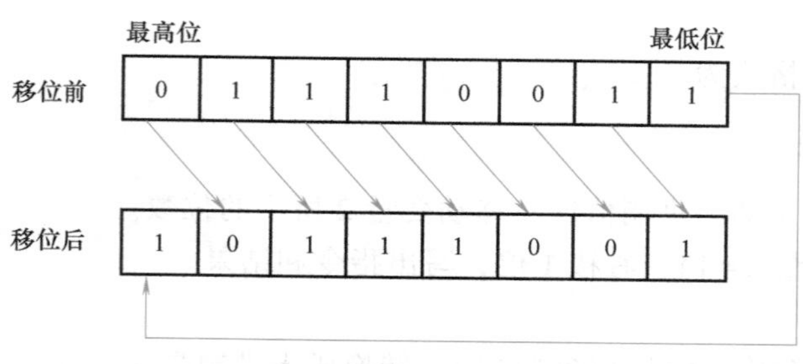

图 2-9　循环右移示意图

循环右移指令的书写格式为

cror（变量 1，变量 2）

功能是：将变量 1 的二进制值向右循环移动变量 2 所示的位数。

【例 2-7】　将变量 a=23，循环右移 2 位，写出指令和结果。

解： a=_cror_（a，2）

a=23=00010111B，循环右移1位是10001011B，再循环右移1位是11000101B，转换成十进制是197。

4. 程序的编写技巧

在本项目中，利用P1口实现8只发光二极管的流水灯控制，将要显示现象对应的数据通过P1口送出。在编写控制程序时，应首先将每个对应现象分析清楚，例如：要让L3亮，其余发光二极管灭，则P1口的数据应为11110111B（0xf7）；要让L7亮，则P1口的数据应为01111111B（0x7f）。然后找到能实现此操作的指令即可。程序编写如下：

```
#include <reg52. h>  //52系列单片机头文件
#define   uchar unsigned char   //定义无符号字符型
#define   uint unsingned int   //定义无符号整型
void delayms( uint xms)
{
     int i,j;
     for( i=xms;i>0;i--)           // i=xms 即延时 xms 毫秒
          for( j=0;j<110;j++);
}
void main( )
{
     while(1)
     {
          P1=0xfe;      // L0 点亮
          delayms(500 );//延时 500ms
          P1=0xfd; // L0 熄灭,L1 点亮
          delayms(500 );
          P1=0xfb; // L1 熄灭,L2 点亮
          delayms(500 );
          P1=0xf7; // L2 熄灭,L3 点亮
          delayms(500 );
          P1=0xef; // L3 熄灭,L4 点亮
          delayms(500 );
          P1=0xdf; // L4 熄灭,L5 点亮
          delayms(500 );
          P1=0xbf; // L5 熄灭,L6 点亮
          delayms(500 );
          P1=0x7f; // L6 熄灭,L7 点亮
          delayms(500 );
     }
}
```

分析后可知本段程序与项目中给出的参考程序功能相似，但是指令数量较少，所占存储器空间较小。根据发光二极管的点亮次序，通过分析每次给 P1 口所送数据，发现不断变换的只是数据中“0”的位置。若点亮次序是从 L0 到 L7，则“0”是自低位（右）向高位（左）移动的，符合指令“_crol_”的功能。同理，若应用“_cror_”指令，则 8 只发光二极管的点亮次序是从 L7 到 L0。下面是应用了_crol_移位指令编写的程序，更简洁易懂，因此在今后的学习中，应注意类似情况的处理。

```
#include <reg52. h>        //52 系列单片机头文件
#include <intrins. h>  //包含_crol_函数所在的头文件
#define   uchar unsigned char   //定义无符号字符型
#define   uint unsigned int   //定义无符号整型
uchar temp;       //定义一个变量,用来给 P1 口赋值
void delayms( uint xms)
{
    uint i,j;
    for( i=xms;i>0;i--)              // i=xms 即延时 xms 毫秒
        for( j=0;j<110;j++) ;
}
void main( )
{
    temp=0xfe;        // 定义初始数据 0xfe
    while(1)
    {
        P1=temp;
        delayms(500) ;
        temp=_crol_( temp,1) ;   //将 temp 循环左移 1 位后再赋给 temp
    }
}
```

三、程序仿真与调试

1）运行 Keil 软件，将本项目中的 C 语言程序以文件名 lx2. C 保存，添加到工程文件并进行软件仿真的设置。

2）利用 Keil 软件进行文件编译。将已经存储完成的文件进行编译，若编译中检测到错误的符号，会将错误信息显示在“Build”标签项中，双击“错误提示”，即可以在对应位置进行修改。

3）利用 Keil 软件进行软件仿真。编译成功的程序在写入芯片前，可以先进行计算机软件仿真，通过观察分析存储器中相关数据的变化，分析源程序是否正确。

4）程序的下载及运行。利用 ISP 下载线或者串口将编译完成的文件下载到所用的芯片中，通电后运行程序，观察 8 只发光二极管的亮灭变化，理解所学指令的意义。8 位流水灯

控制电路实物连接图如图 2-10 所示。

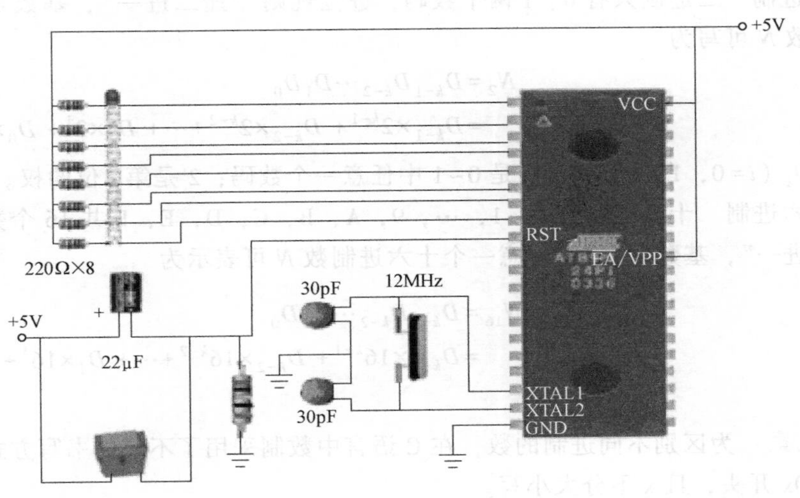

图 2-10　8 位流水灯控制电路实物连接图

5）修改源程序，将送数指令改为移位指令，重复以上步骤，观察 8 只发光二极管的控制现象，理解“<<”“>>”“_crol_”“_cror_”指令的功能。

知识拓展

单片机中数据的表示

单片机中数据信息分为两种类型：一种是用于各种数值运算的数值型数据；另一种是用于逻辑运算、逻辑控制等非数值型数据。

一、数值型数据

数值型数据的表示方法又分为数制表示法和码制表示法两种。

（一）数制

数制是进位计数制的简称，是计数的方法，又称进制。日常生活中人们多用十进制，而单片机中常用二进制和十六进制。

1. 三种进制的表示方法

（1）十进制　十进制有 0，1，…，9 共 10 个数码，进位规则是“逢十进一”。通常将计数数码的个数成作基数。因此，十进制基数是“10”。任意一个 k 位整数的十进制数 N，都可写为

$$N_{10}=D_{k-1}D_{k-2}\cdots D_1D_0$$
$$=D_{k-1}\times10^{k-1}+D_{k-2}\times10^{k-2}+\cdots+D_1\times10^1+D_0\times10^0$$

式中，D_i（i=0，1，…，k−1）是 0~9 中任意一个数码；10^i是第 i 位的权，又称权位，表示 D_i所代表的数值大小。

例如：将 452 按权展开为 $4\times10^2+5\times10^1+2\times10^0$，其中每一位上不同的数码表示不同的

大小。

（2）二进制　二进制只有0、1两个数码，进位规则“逢二进一”，基数是“2”。任意一个二进制数N可写为

$$N_2 = D_{k-1}D_{k-2}\cdots D_1D_0$$
$$= D_{k-1}\times 2^{k-1} + D_{k-2}\times 2^{k-2} + \cdots + D_1\times 2^1 + D_0\times 2^0$$

式中，D_i（$i=0$，1，…，$k-1$）是0~1中任意一个数码；2^i是第i位的权。

（3）十六进制　十六进制有0，1，…，9，A，B，C，D，E，F共16个数码，进位规则“逢十六进一”，基数“16”。任意一个十六进制数N可表示为

$$N_{16} = D_{k-1}D_{k-2}\cdots D_1D_0$$
$$= D_{k-1}\times 16^{k-1} + D_{k-2}\times 16^{k-2} + \cdots + D_1\times 16^1 + D_0\times 16^0$$

注意：为区别不同进制的数，在C语言中数制采用了不同的书写方式，规定十六进制必须以0x开头，且x不分大小写。

根据十进制、二进制、十六进制的基本特点，列出十进制、二进制、十六进制数的对应关系见表2-2。

表2-2　进制对应关系表

十进制数	二进制数	十六进制数	十进制数	二进制数	十六进制数
0	0000B	0x00	9	1001B	0x09
1	0001B	0x01	10	1010B	0x0a
2	0010B	0x02	11	1011B	0x0b
3	0011B	0x03	12	1100B	0x0c
4	0100B	0x04	13	1101B	0x0d
5	0101B	0x05	14	1110B	0x0e
6	0110B	0x06	15	1111B	0x0f
7	0111B	0x07	16	**000**1 0000B	0x10
8	1000B	0x08	17	**000**1 0001B	0x11

注：表中黑体数字0是为了表示二进制与十六进制的对应关系：“每一位十六进制数都有一组4位二进制数与之相对应，不满4位的前面补零”。

2. 进制转换

因为本书后续介绍的实例使用的都是整数，所以以下只介绍不同进制间整数部分的转换方法。

（1）十进制转换二进制　十进制数转换为二进制数采用“除2取余”法，即用十进制数逐次除以2并依次记下余数，直到商为1时停止，首次所得余数为所求数的最低位，末次所得余数为所求数的最高位。

【例2-8】　将25转换成二进制数。

解：所求数是二进制数，基数是“2”，则

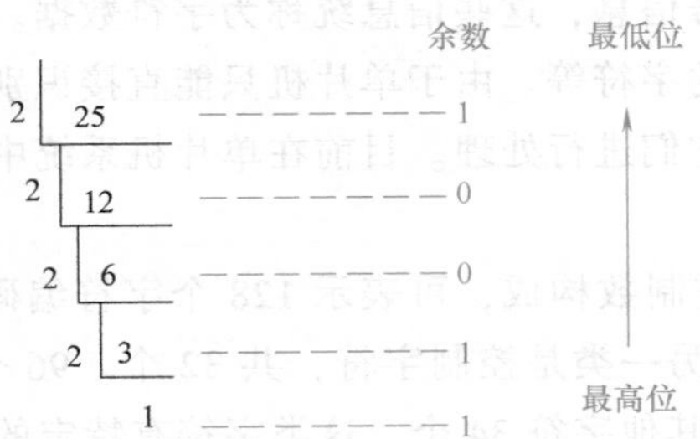

即 $25_{10}=11001\text{B}$

（2）二进制转换十进制　二进制数转换为十进制数采用“按权展开相加”法，即按照二进制每一位的权值展开，然后将每一位的值相加即可。

【例 2-9】　将 1001B 转换为十进制数。

解： $1001\text{B}=1\times2^3+0\times2^2+0\times2^1+1\times2^0=8+1=9$

（3）二进制转换十六进制　根据表 2-2，采用“4 位并 1”法，即将二进制数按每 4 位一组分组，不足 4 位的补 0，然后写出每组等值的十六进制数。

【例 2-10】　将 10011100110001B 转换成十六进制数。

解： 10011100110001B = 0010 0111 0011 0001B = 0x2731

（4）十六进制转换二进制　根据表 2-2，采用“1 位 4 分”法，将每位十六进制数用 4 位二进制数代替即得到对应的二进制数。

【例 2-11】　将 0x4ac7 转换成二进制数。

解： 0x4ac7 = 0100 1010 1100 0111B = 100101011000111B

（二）BCD 码

单片机处理的数据是二进制数，而人们习惯使用十进制数。为实现人机交互，就产生了用 4 位二进制数表示 1 位十进制数的表示方法，称为二进制编码的十进制，简称 BCD 码。

4 位二进制数可以表示 16 个数，用来表示十进制数时，有 6 个数未用，因而就有多种 BCD 码，其中比较常用的是 8421BCD 码。8421BCD 是一种有权码，它选用了 4 位二进制数的前 10 个数 0000～1001，而未用 1010～1111 这 6 个数，每个代码的位权分别是 8、4、2、1。

【例 2-12】　将 47 转换成 8421BCD 码。

解： 47 = 0100 0111 8421BCD

二、非数值型数据

（一）逻辑数据

逻辑数据只能参加逻辑运算。基本逻辑运算包括与、或、非三种运算。参加运算的数据是按位进行的，位与位之间没有进位和借位关系。在单片机中，逻辑数据也使用二进制数 0、1 表示，但这里的 0、1 不代表数量的大小，而表示两种状态，如电平的高、低；事件的真、假；结论的成立、不成立等。

（二）字符数据

字符数据主要用于单片机与外部设备交换信息。单片机除对数值数据进行各种运算外，还需要处理大量的字母和符号信息，这些信息统称为字符数据。例如，向液晶显示器、打印机输出的字符，从键盘输入的字符等。由于单片机只能直接识别二进制数，所以字符数据必须用二进制数编码，才能对它们进行处理。目前在单片机系统中通用的编码是美国标准信息交换码，简称 ASCII 码。

标准 ASCII 码由 7 位二进制数构成，可表示 128 个字符编码。这 128 个字符分为两类：一类是图形字符，共 96 个；另一类是控制字符，共 32 个。96 个图形字符包括十进制数 10 个、大小写英文字母 52 个和其他字符 34 个，这类字符有特定的形状，可以在显示器上显示或打印出来，其编码可以存储、传送和处理。32 个控制符包括回车符、换形符、后退符、控制符和信息分隔符等，这类字符没有特定的形状，编码虽然可以存储、传送和起某种控制作用，但字符本身不能在显示器上显示，也不能在打印机上打印。

在 8 位单片机中，信息通常是按字节存储和传送的，ASCII 码共有 7 位，按 1 个字节进行传送时，空闲的最高位可设置为 0。

项目测试

一、填空题

1. 当将 8 只发光二极管采用共阳极接法时，点亮二极管，单片机引脚需要输出____信号，熄灭二极管，单片机引脚需要输出____信号。

2. 本设计中，$\overline{EA}$/VPP 引脚接____电位。

3. 123=____ B=0x ____。

4. 10011B=____（十进制）= 0x ____。

5. 39=____ 8421BCD。

6. 将 37 右移 1 位是____，左移 2 位是____，循环左移 2 位是____，循环右移 1 位是____。

二、选择题

1. 同样的工作电压，（　　）发光二极管的亮度较高。

A. 高亮型　　　　B. 普通型

2. 本项目中要实现 8 只发光二极管初始时两端点亮的效果，初值应为（　　）。

A. 0x77　　B. 0xe7　　C. 0xee　　D. 0x7e

3. 本项目设计电路时，若要增加发光二极管的亮度，则所选电阻阻值（　　）。

A. 增加　　B. 减小　　C. 不变

4. 已知 shu=0x33，执行“shu=shu<<2”，后得到的值为（　　）。

A. 0x66　　B. 0x19　　C. 0xcc　　D. 0x0c

三、编程及问答

1. 要使得本项目中发光二极管的闪烁速度加快，程序如何修改？若变慢呢？

2. 试编写两段延时时间不同的子程序，并分别调用观察结果。

3. 本项目最后给出的程序中，“delayms（500）;”指令的作用是什么？如果不使用该指令，还能实现“流水”的效果吗？

4. 请使用左移、右移运算符简化流水灯程序，编程并观察流水灯效果。

项目评估

项目评估表

评价项目	评价内容	配分	评价标准	得分
电路分析	电路基础知识	20	掌握单片机 P1 口的位置及各个引脚的名称 5 分	
			掌握发光二极管的连接方式 5 分	
			认识流水灯电路中各元器件功能 10 分	
电路搭建	在实训台选择对应的模块及元器件	10	模块及元器件选择合理	
程序编制、调试、运行	指令学习	20	能正确理解指令功能 5 分	
			理解指令在程序中的实际意义 10 分	
			能根据要求选择适合的指令 5 分	
	程序分析、设计	20	能正确分析程序功能 10 分	
			能根据要求设计功能相似程序 10 分	
	程序调试与运行	20	程序输入正确 5 分	
			程序编译仿真正确 5 分	
			能修改程序并分析 10 分	
安全文明生产	使用设备和工具	5	正确使用设备和工具	
团结协作意识	集体意识	5	各成员分工协作，积极参与	

项目三

1位数码管控制

项目目标

通过单片机控制1位七段数码管（简称数码管）显示不同的数字和符号，学习使用MCS-51单片机芯片的P0口进行输出控制，并掌握数码管的编码方法，学习MCS-51型单片机C语言程序的编写及分析方法，并能熟练进行数组的运用。

项目任务

要求应用AT89S52芯片，控制1位数码管显示数字0~9、英文字母A~F及特定符号。设计单片机控制电路并编程实现。

项目分析

本项目将单片机的P0口与1位数码管进行有序连接，利用P0口输出数据的变化，控制七段数码管中各段的亮灭，从而显示不同的数字、字母和符号。P0口各引脚的电位变化可以通过指令来控制，为了清楚地分辨数码管显示的数字或符号，在P0口输出数据变化时，要有一定的时间间隔，间隔时间通过软件编程实现。

项目实施

一、硬件电路设计

（一）硬件电路设计思路

利用AT89S52单片机芯片的P0口控制1位数码管进行数字、字母和符号的显示。常见的七段数码管，是发光二极管（LED）的集成电路，根据发光二极管的连接方式不同，可分为共阳极和共阴极两种类型。控制数码管显示数字或字符，只要在发光二极管两端施加合适的电压，对应字段即可点亮。将数码管的8个控制引脚与单片机的P0口进行对应连接，结合单片机P0口的输出信号，可以实现对数码管的控制。

（二）硬件电路设计相关知识

1. P0口的结构

本项目利用MCS-51型单片机的P0口作为输出口使用，如图3-1所示为P0口的位结构

图。P0 口中的每一位都可以作为准双向口，用于传送数据和地址信息。在系统需要扩展外部存储器或者 I/O 端口时，P0 口可以用作地址/数据线分时复用，但使用时应注意：

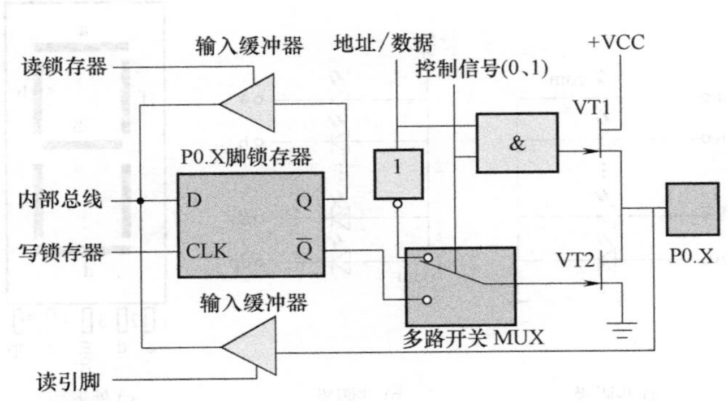

图 3-1　P0 口的位结构图

1）P0 在系统扩展时，分时作为数据总线和低 8 位地址总线，VT1 和 VT2 是一起工作的，构成推挽结构。高电平时，VT1 打开，VT2 截止；低电平时，VT1 截止，VT2 打开。这种情况下不用外接上拉电阻。而且，当 VT1 打开、VT2 截止，输出高电平的时候，因为内部电源直接通过 VT1 输出到 P0 口线上，因此驱动能力（电流）可以很大，可以驱动 8 个 TTL 负载。

2）P0 作为一般端口时，VT1 永远的截止，VT2 则根据输出数据，0 导通和 1 截止，导通时接地，输出低电平；截止时，P0 口无输出，这种情况就是所谓的高阻浮空状态，如果加上外部上拉电阻，输出就变成了高电平。

3）在某个时刻，P0 口输出的是作为总线的地址数据信号还是作为普通 I/O 口的电平信号，是依靠多路开关 MUX 来切换的。而 MUX 的切换，也是根据单片机具体程序指令来区分的。当指令为外部存储器 I/O 口读/写指令时，例如“#define PA　XBYTE［0x1fff］”，MUX 切换到地址/数据总线上；而当普通传送指令“P0=0x00”操作 P0 口时，MUX 切换到内部总线上。

从图 3-1 中还可以看出，在读入端口引脚数据时，由于输出驱动 VT2 并接在 P0. X 的引脚上，如果 VT2 导通就会将输入的高电平拉成低电平，从而产生误读。因此，在端口进行输入操作前，应先向端口锁存器写入 1。因此控制线 C=0，VT1 和 VT2 全截止，引脚处于悬浮状态，可作高阻抗输入。

2. 数码管的类型及结构

七段数码管由 7 个条状发光二极管（LED）按图 3-2c 所示形状排列而成，除显示数字的七段之外还有一个小数点 dp，实为八段显示。图中引脚旁的数字为数码管引脚排列序号。根据 LED 的连接方式不同，分为共阴极和共阳极两种。对于共阴极连接，如图 3-2a 所示，只有当公共端（COM）接低电平，阳极接高电平时对应的字段才点亮；而对于共阳极连接，如图 3-2b 所示，只有当公共端（COM）接高电平，阴极接低电平时对应的字段才点亮。在实际应用中，为了保护各段 LED 在正常工作时不被破坏，需外加电阻，阻值通常选取 200Ω。

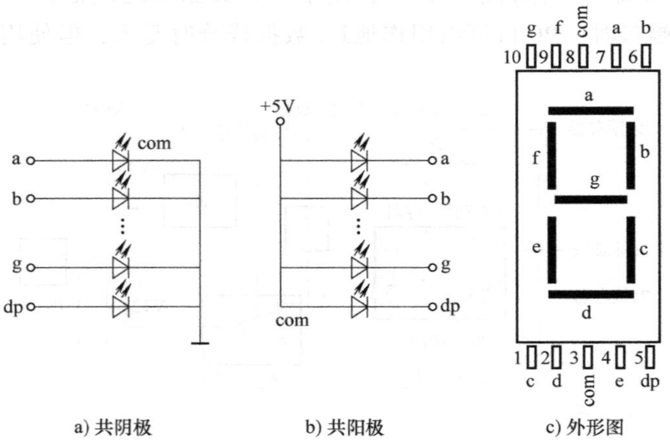

a) 共阴极　　b) 共阳极　　c) 外形图

图 3-2　数码管结构及引脚

3. 数码管的编码

要使数码管显示符号，必须在对应的引脚上提供合适的高、低电平信号，这组用 0、1 码组成的信号称为段选码，又称字形码。

例如，选用共阴极型数码管，若要显示“7”的字形，如图 3-3 所示，则应在 a、b、c 端接高电平，而 d、e、f、g 端接低电平，因此 a=b=c=1，d=e=f=g=0。

若数码管与 P0 口的连接采用如图 3-4 所示的方式，即 a 端与 P0.0 连接，b 端与 P0.1 连接，以此类推，则要显示“7”的字形需使用指令“P0=0x07（00000111B）”即可。若选用共阳极数码管与 P0 口连接，则同样显示“7”需使用指令“P0=0xf8（11111000B）”。

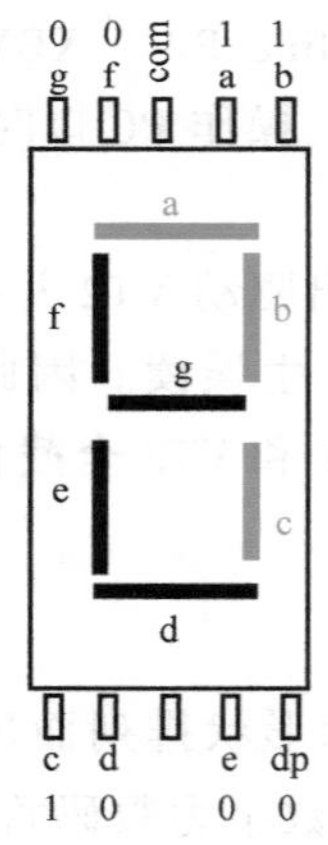

图 3-3　显示数字 7

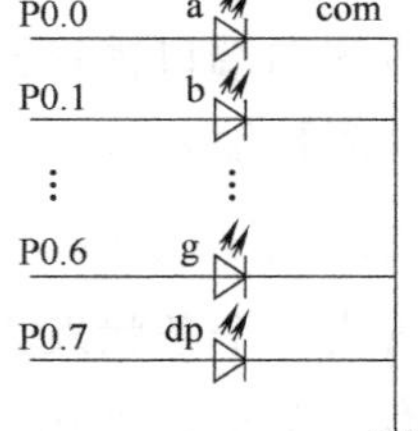

图 3-4　共阴极数码管与单片机 P0 口的连接方式

根据以上分析，得到共阴极、共阳极数码管的编码表，见表 3-1。

（三）电路原理图

本设计选用 AT89S52 单片机芯片，控制较简单，程序也不复杂，因此 $\overline{EA}$/VPP 引脚接高电位。1 位数码管控制电路原理图如图 3-5 所示。

表 3-1　数码管显示字符型编码表

显示字符	共阴极段选码	共阳极段选码	显示字符	共阴极段选码	共阳极段选码
0	0x3f	0xc0	C	0x39	0xc6
1	0x06	0xf9	D	0x5e	0xa1
2	0x5b	0xa4	E	0x79	0x86
3	0x4f	0xb0	F	0x71	0x8e
4	0x66	0x99	P	0x73	0x8c
5	0x6d	0x92	U	0x3E	0xc1
6	0x7d	0x82	R	0x31	0xce
7	0x07	0xf8	-	0xbf	0x40
8	0x7f	0x80	8	0x7f	0x80
9	0x6f	0x90	全灭	0x00	0xff
A	0x77	0x88	全亮	0xff	0x00
B	0x7c	0x83	…		

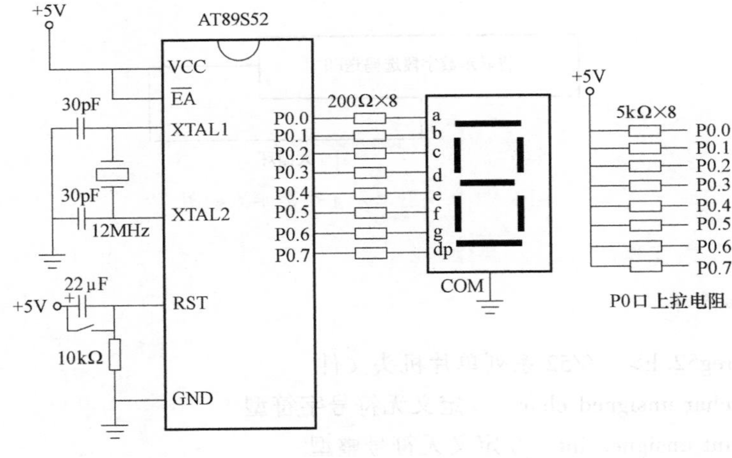

图 3-5　1 位数码管控制电路原理图

（四）材料表

从原理图 3-5 可以得到实现本项目所需的元器件，元器件清单见表 3-2。

表 3-2　元器件清单

序号	元器件名称	元器件型号	元器件数量	备注
1	单片机芯片	AT89S52	1 片	DIP 封装
2	数码管	ArkSM42050	1 只	共阴极
3	晶振	12MHz	1 只	
4	电容	30pF	2 只	瓷片电容
		22μF	1 只	电解电容

（续）

序号	元器件名称	元器件型号	元器件数量	备注
5	电阻	200Ω	8只	碳膜电阻，可用排阻代替
		10kΩ	1只	碳膜电阻
		5kΩ	8只	排阻
6	按键		1只	无自锁
7	40脚IC座		1片	安装AT89S52芯片

二、控制程序的编写

（一）绘制程序流程图

本项目中要编写简单的控制程序，只显示1个数字，采用顺序程序结构即可。流程图如图3-6所示。

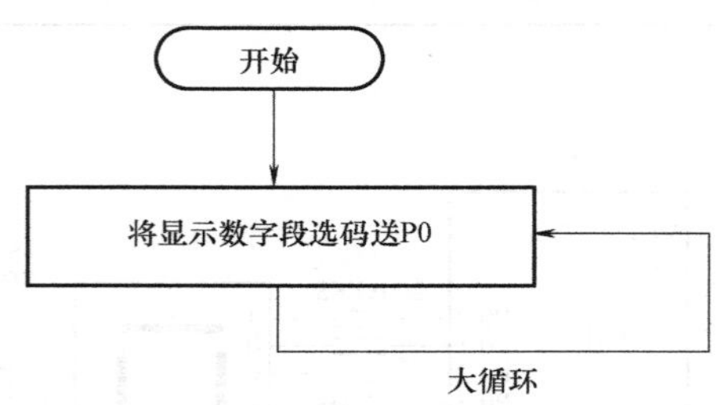

图3-6　数码管显示1个数字流程图

（二）编写C语言程序

1. 参考程序清单

```
#include <reg52.h>   //52系列单片机头文件
#define   uchar unsigned char   //定义无符号字符型
#define   uint unsigned int   //定义无符号整型
void main( )
{
     while(1)
     {
          P0=0x07;   //显示7
     }
}
```

2. 程序执行过程

单片机上电或执行复位操作后，程序自主函数开始执行。

进入主函数后，直接进入while大循环，将数据0x07送P0口，一直重复本条指令，数码管即可显示相应的数字。

（三）相关指令学习

1. 一维数组

在编写本项目的程序时，若只考虑显示1个数字，给出的参考程序就能满足要求。但在实际应用中，显示的数字一般包含0~9，有些特殊场合，还有特殊符号，比如小数点“.”、负号“-”等显示需要，这就要求我们在编写程序时，要考虑到显示数字的范围，这些数字的编码都是8位二进制的代码。

在程序设计中，为了处理方便，我们常把具有相同类型的若干变量按有序的形式排列组织起来。这些按序排列的同类数据元素的集合称为数组。在C语言中，数组属于构造数据类型。一个数组可以分解为多个数组元素，这些数组元素可以是基本数据类型或是构造类型。因此按数组元素的类型不同，数组又可分为数值数组、字符数组、指针数组、结构数组等。

（1）一维数组的定义　在C语言中使用数组必须先进行定义。数组定义和数组成员的标志是方括号［ ］，数组名表示数组存储的首地址，访问数组成员可采用“数组名［标号］”的访问方式。一维数组的定义格式为

```
类型说明符　数组名［常量表达式］;
```

其中：类型说明符是任一种基本数据类型或构造数据类型。数组名是用户定义的数组标识符。方括号中的常量表达式表示数据元素的个数，也称为数组的长度。

为了定义一个名称为Buffer的具有4个无符号字符型数据元素的数组，可以使用下面的程序实现：

```
unsigned char Buffer[4];
```

此数组共有4个元素，每个元素由不同的标号表示，分别为Buffer［0］、Buffer［1］、Buffer［2］和Buffer［3］。在C语言中，数组第一个元素的标号为0而非1，最后一个元素的标号为“常量表达式”-1的值。

数组名的命名规则和标识符的命名规则相同。常量表达式表示数组元素的个数，即数组长度。声明一个数组后，51编译器就为其分配相应的存储空间，1个一维数组占用的存储空间大小为

```
数组数据类型占用字节数×数组长度(或数组的元素个数)
```

注意： 声明数组时使用“常量表达式”确定数组的长度，这个数据必须是确定的，否则编译器无法为其分配唯一占用的存储空间。

（2）数组的初始化　数组的初始化是指在数组定义时给数组元素赋予初值。数组初始化是在编译阶段进行的。这样将减少运行时间，提高效率。初始化赋值的一般形式为

```
类型说明符　数组名[常量表达式]={值,值……值};
```

下面两条C语言程序在声明的同时数组中的所有元素都被初始化，而且两条语句声明数组的效果完全相同：

```
unsigned char shuzu[7]={‘0’,‘1’,‘2’,‘3’,‘4’,‘5’,‘6’};
```

```
unsigned char shuzu[7]="0123456";
```

有初始化的数组定义可以省略方括号中数组长度，编译器在编译时自动统计“{ }”中的数组元素个数，以求出数组的长度，因此上面的数组定义也可以写作：

```
unsigned char shuzu[ ]={'0','1','2','3','4','5','6'};
unsigned char shuzu[ ]="0123456";
```

有初始化的数组定义中，如果已经说明了数组长度，即有常量表达式时，初始化的元素个数不可以大于数组的最大长度，但可以小于最大长度。例如：

```
unsigned char shuzu[7]={'0','1','2','3'};
```

在这里，数组的前 4 个元素被赋初始值，shuju[0]='0'，shuju[1]='1'，shuju[2]='2'，shuju[3]='3'，而数组的后 3 个元素没有被赋初值。

下面的程序在声明数组时不将数组初始化，而是在数组被声明后，利用赋值语句或循环程序将数组中的各个元素逐个初始化。

```
unsigned char Buffer[10],i;
for(i=0;i<10;i++)
Buffer[i]=0x00;      //将 Buffer[   ]数组中的所有元素清零
unsigned char shuzu[10],i;
for(i=0;i<10;i++)
Buffer[i]=i;       //将 shuzu[  ]数组中的所有元素赋值 0~9
```

字符数组就是基本数据类型为字符型的数组,它一般是用来存放字符的。在字符数组中，1 个元素存放一个字符。字符数组的声明与一维数组的声明格式是一样的，如 unsigned char ch[8],声明一个有 8 个字符的数组。

字符数组的初始化最直接的方法是在数组声明时将各字符按顺序赋给字符数组的元素，例如：

```
unsigned char ch[8]={'a','b','c','d'};
```

此外，还可以直接用字符串给字符数组赋初值，该方法有两种形式：

```
unsigned char ch[8]={"abcd"};
unsigned char ch[8]="abcd";
```

这种方法用途较广，编译器能够自动在那些没有被赋初始值的数组元素的存储位置用‘\0’补上。

用“ ”引起来的一串字符称为字符串常量，用‘ ’引起来的字符为字符的 ASCII 码值。

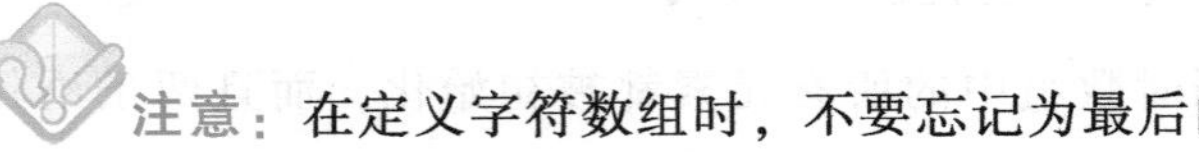
注意：在定义字符数组时，不要忘记为最后的‘\0’分配空间。

2. 编码定义数组

我们采用编码定义的方法，定义 1 个一维数组，程序书写如下：

```
uchar code table[ ] = {0x3f,0x06,0x5b,0x4f,0x66,0x6d,0x7d,0x07,
                       0x7f,0x6f,0x77,0x7c,0x39,0x5e,0x79,0x71};//共阴极数码管 0~
                                                                  F 的段选码
```

编码定义方法与 C 语言中的数组定义方法非常相似，不同的是在数组类型后边多了 1 个 code 关键字，表示编码的意思。

注意： 单片机 C 语言中定义数组时是占用片内数据存储空间的，而定义编码时是直接分配到程序存储空间中。若我们需要定义的数组很多时，必须采用编码定义的方法，否则单片机片内空间不够时，程序不能编译执行。

3. 数组的使用

根据对一维数组的学习，我们编写如下控制程序，可以实现在一个数码管上，依次显示 0~F 的功能。

```
#include <reg52.h>  //52 系列单片机头文件
#define   uchar unsigned char  //定义无符号字符型
#define   uint unsigned int  //定义无符号整型
uchar num;
uchar code table[ ] = {0x3f,0x06,0x5b,0x4f,0x66,0x6d,0x7d,0x07,
                       0x7f,0x6f,0x77,0x7c,0x39,0x5e,0x79,0x71};//编码定义一维数
                                                                  组 table
void delayms(uint xms);//延时函数声明
void main( )
{
      While(1)
      {
            for(num=0;num<16;num++)
            {
                  P0=table[num];//根据 num 的值,在一维数组得到对应的编码,并将编
                                  码送入 P0 口
                  delayms(500);
            }
      }
}
void delayms(uint xms)
{
      uint i,j;
      for(i=xms;i>0;i--)
            for(j=110;j>0;j--);
}
```

本段程序的执行过程：

单片机上电或执行复位操作后，程序自主函数开始执行。在执行主函数前，编译器先利用 uchar code table［］定义 0~F 的编码，即直接将 16 个数的编码分配到程序空间中，而非内存空间。

进入主函数后，直接进入 while 大循环，先执行 for 循环，将 num 赋值为 0，即从 0 开始显示；判断 num 是否小于 16，即表示共显示 16 个数字；满足条件 num 就加 1。因为 for 语句后面没有“;”，所以执行一次 for 语句，然后执行下面大括号中的内容。“P0 = table［num］;”语句，即将 0 的代码从自定义的数组 table［］中取出并传送到 P0 口去，此时数码管得到了 0 的段选码 0x3f，就显示数字 0 了。接下来是延时 500ms 的语句。执行完这两条语句后，再返回执行一次 for 指令，num 得到 1，然后进入 for 的内部语句执行，取得 1 的段选码并送 P0 口，再延时。依次执行 16 次 for 语句，将 16 个数字都显示完后，结束一轮循环。

由于 while（1）是死循环，程序会重新开始从 0 显示到 F，一直循环。

三、程序的仿真与调试

1）运行 Keil 软件，将本项目中参考程序以文件名 lx3. C 保存，添加到工程文件并进行软件仿真的设置。

2）利用 Keil 软件进行文件编译、仿真。将已经存储完成的文件进行编译，编译成功的程序在写入芯片前，可以先进行计算机软件仿真，通过观察分析存储器中相关数据的变化，分析源程序是否正确。

3）程序的下载及运行。利用 ISP 下载线或者串口将编译完成的文件下载到所用的芯片中，运行程序，观察数码管显示的数字，理解段码的意义。单个数码管显示电路实物图如图 3-7 所示。

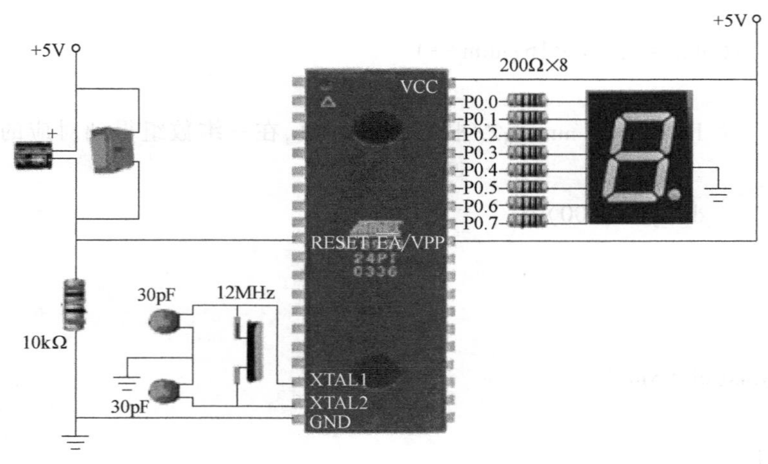

图 3-7　单个数码管显示电路实物图

4）修改程序，改变 P0 口的值，重复以上步骤，观察数码管的显示情况，理解程序及段选码的意义。

5）将程序中利用数组编写的程序进行录入、编译、下载，观察数码管显示的数字，理解数组的意义。

6）修改数组中的数据或者显示数字的个数（num的值），编译、下载，观察显示现象，学会灵活使用数组。

知识拓展

单片机应用系统开发

通过三个项目的学习，我们大致了解了单片机学习及应用的一般步骤。单片机本身不能单独完成特定的任务，只有与某些元器件和设备有机地组合在一起，并编写专门的程序，才能构成一个单片机应用系统，完成任务。一个单片机应用系统从接受任务、分析任务、硬件设计、程序设计、程序的仿真调试、硬件电路的制作及调试、软硬件结合并投入运行的全过程，称为单片机应用系统的开发。

一、硬件设计

根据任务书，首先确定单片机应用系统的总体设计方案，然后再根据方案的要求，选定单片机的机型，确定系统中要使用的元器件，画出硬件电路原理图。在实际的系统开发中，要根据电路原理图设计印制电路板，然后交印制板生产商制作印制电路板，最后将系统中所要求的元器件焊接在印制电路板上，至此，应用系统的硬件部分初步完成。

二、程序设计

在确定了单片机机型以及硬件电路原理图后，就可以进行软件设计了。

1. 程序设计语言的选用

本书采用C语言对单片机程序进行编写。

2. 绘制程序流程图

程序流程图是编写汇编源程序的重要环节，是程序设计的重要依据，它直观清晰地体现了程序设计思路。流程图是由预先约定的各种图形、流程线及必要的文字符号构成的。对于简单的应用程序，可以不画流程图，但当程序较为复杂时，绘制流程图是一个良好的编程习惯，常用的流程图符号如图3-8所示。

3. 编写源程序

程序流程图设计完后，根据流程图设计思路编写程序。

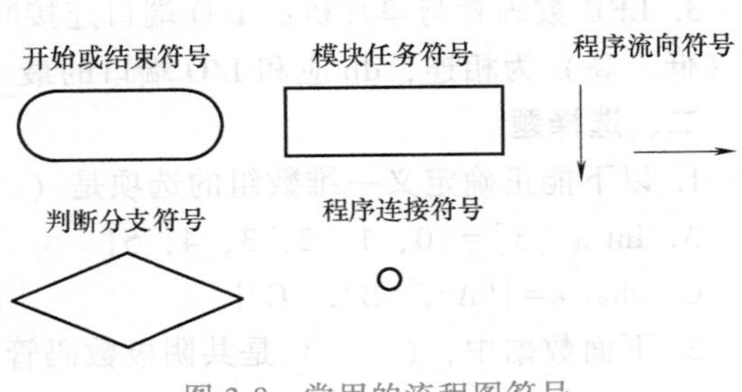

图3-8 常用的流程图符号

三、程序的仿真调试

C51语言程序编写完成后，要校验程序是否正确，应将程序加载到硬件系统中运行并观察结果是否正常。如果将编译好的程序直接写入单片机芯片并运行，待发现问题后又要重新编辑、汇编、写入，这样做既麻烦，又增加芯片损耗，增加了开发成本，对于教学来说，增加了教学的投入。因此，实际应用中多采用仿真的方法，即将用户编写的程序放到一个与单片机实际工作环境相仿的模拟环境中，让它模仿真实的系统运行。待通过仿真调试后，再将程序写入单片机。

仿真有两种方法：模拟仿真、在线仿真。

模拟仿真一般是用纯软件仿真，即在计算机上利用模拟开发软件对单片机进行硬件模拟、指令模拟和运行状态的模拟，从而完成软件开发的全过程。它的优点是开发系统的效率高、成本低；不足之处是不能进行硬件系统的诊断和实时仿真。本书选用 Proteus 软件进行模拟仿真，具体方法参照附录 B。

在线仿真是将程序加载到一个称为仿真机（或仿真器）的系统中，然后将此仿真机接入已制作好的硬件电路。仿真器的核心是一个单片机，它的功能与用户所使用的单片机功能相同，通过该单片机来运行用户程序，从而验证程序的对错。显然，用仿真机来模仿单片机更接近真实，更能发现问题、解决问题。

仿真调试是一个以仿真为核心的综合过程，其中穿插了编辑、汇编和仿真等各项工作，是检验程序正确性的一个重要环节。

四、程序固化

经过在线仿真调试，最终证明程序正确无误后，就可以把调试好的目标程序写入单片机芯片了，这个过程称为程序固化。写入程序是一个物理过程，需要专门的写入设备——编程器、ISP 下载线或者串口下载线。

把写好程序的单片机芯片放入硬件电路，单片机系统就可以现场独立运行了。但在真正投入使用前，还应进行一段时间的试运行，通过试运行，可以进一步发现程序和硬件电路的问题或不足，进一步观察和检测软硬件系统能否通过实际环境的考验，是否真正满足实际要求。不满足实际要求的硬件和软件要更换和修改，直到满足实际要求为止。

项目测试

一、填空题

1. LED 数码管由______只发光二极管构成，根据这些发光二极管的连接方式不同，分为____和______两种。

2. LED 数码管的连接引脚共有______个，其中，公共端有____个。

3. LED 数码管与单片机的 I/O 端口连接时，8 个段选码控制端中 a 应和 I/O 端口的最____（低、高）为相连，dp 应和 I/O 端口的最____（低、高）为相连。

二、选择题

1. 以下能正确定义一维数组的选项是（　　）。

A. int a［5］={0, 1, 2, 3, 4, 5}　　B. char a［ ］={0, 1, 2, 3, 4, 5}

C. char a={'A', 'B', 'C'}　　D. int a［5］="0123"

2. 下面数据中，（　　）是共阴极数码管“6”的段选码。

A. 0x7d　　B. 0x8d　　C. 0x82　　D. 0x72

3. 根据数码管共阳极、共阴极的编码，可以得出，它们的编码存在（　　）关系。

A. 相反　　B. 互补　　C. 相同　　D. 没关系

4. 下面数据中，（　　）是共阳极数码管“2”的段选码。

A. 0x5b　　B. 0x4b　　C. 0x4a　　D. 0xa4

三、简答题

1. 在使用单片机的I/O端口连接数码管时，引脚的对应关系应注意什么？

2. 设计一程序，使一位数码管依次显示3~9之间的数字，时间间隔为1s。

项目评估

项目评估表

评价项目	评价内容	配分	评价标准	得分
电路分析	电路基础知识	20	掌握单片机P0口的位置及各个引脚的名称　5分	
			掌握数码管的结构及引脚排列　5分	
			理解数码管电路中各元器件功能　10分	
电路搭建	在实训台选择对应的模块及元器件	10	模块及元器件选择合理	
程序编制、调试、运行	指令学习	20	能正确理解数组的意义　5分	
			理解一维数组在程序中的实际意义　10分	
			能根据要求选择适合的指令　5分	
	程序分析、设计	20	能正确分析程序功能　10分	
			能根据要求设计功能相似程序　10分	
	程序调试与运行	20	程序输入正确　5分	
			程序编译仿真正确　5分	
			能修改程序并分析　10分	
安全文明生产	使用设备和工具	5	正确使用设备和工具	
团结协作意识	集体意识	5	各成员分工协作，积极参与	

项目四

2位数码管控制

项目目标

通过单片机控制 2 位七段数码管（简称数码管）显示数字 0~99，掌握 MCS-51 单片机控制 2 个数码管显示的方法，熟练运用数码管静态控制的电路结构及程序编写。

项目任务

应用 AT89S52 芯片，控制 2 位数码管循环顺序显示数字 0~99。设计硬件电路并编程实现此操作。

项目分析

将单片机的 P2 口和 P3 口用作输出口，与 2 位数码管进行有序连接，控制数码管显示数字 0~99。

项目实施

一、硬件电路设计

（一）硬件电路设计思路

利用 AT89S52 单片机芯片的 P2 和 P3 口控制 2 位数码管，定义其中一个表示“十位”，另一个表示“个位”，通过控制 P2 和 P3 口输出数据，循环显示 0~99 的数字。

（二）硬件电路图设计相关知识

1. P2 口结构

从图 4-1 中可看到，P2 口某位的结构与 P0 口类似，有 MUX 开关。驱动部分与 P1 口类似，但比 P1 口多了一个转换控制部分。当 CPU 对片内存储器和 I/O 口进行读/写时，由内部硬件控制，开关 MUX，使锁存器的 Q 端与 VT2 连通，这时，P2 口为一般 I/O 口。

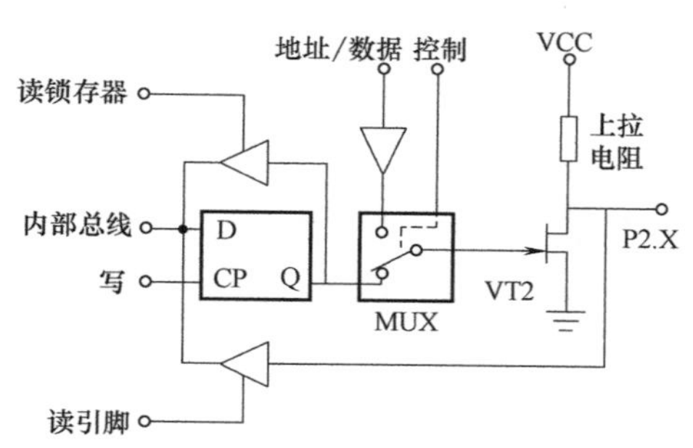

图 4-1　P2 口的位结构电路图

当系统扩展片外 ROM 和 RAM 时，由 P2

口输出高 8 位地址。此时，开关 MUX 在 CPU 的控制下，接通内部地址线的一端。因为访问片外 ROM 和 RAM 的操作往往连续不断，所以，P2 口要不断送出高 8 位地址，此时 P2 口无法再用作通用 I/O 口。

2. P3 口的结构

P3 口的位结构电路如图 4-2 所示，P3 口为准双向口，为适应引脚第二功能的需要，增加了第二功能控制逻辑，在真正的应用电路中，第二功能显得更为重要。由于第二功能信号有输入输出两种情况，下面我们分别加以说明。

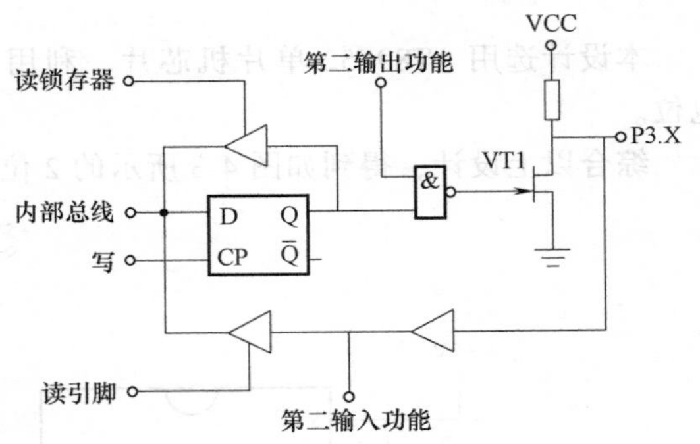

图 4-2　P3 口的位结构电路图

P3 口的位结构输入/输出及 P3 口锁存器、中断、定时/计数器、串行口和特殊功能寄存器有关，P3 口的第一功能和 P1 口一样可作为输入/输出端口，同样具有字节操作和位操作两种方式，在位操作模式下，每一位均可定义为输入或输出。

此处着重介绍 P3 口的第二功能，P3 口的第二功能各引脚定义如下：

P3.0——串行输入口（RXD）；

P3.1——串行输出口（TXD）；

P3.2——外中断 0（INT0）；

P3.3——外中断 1（INT1）；

P3.4——定时/计数器 0 的外部输入口（T0）；

P3.5——定时/计数器 1 的外部输入口（T1）；

P3.6——外部数据存储器写选通（WR）；

P3.7——外部数据存储器读选通（RD）。

当 P3 口作 I/O 口使用时，第二功能信号线应保持高电平，与非门开通，以维持从锁存器到输出口数据输出通路畅通无阻。而当 P3 口作第二功能口使用时，该位的锁存器置高电平，使与非门对第二功能信号的输出是畅通的，从而实现第二功能信号的输出。

3. 2 位数码管控制电路

本项目使用 AT89S52 芯片的 P2 口和 P3 口输出控制信号，且都作为输出口使用。选择 2 位共阳极七段数码管进行数字 0~99 的显示。由 P2 口固定控制显示“十位”数字，P3 口固定控制显示“个位”数字，此种控制显示器的方式为静态显示方式。

所谓静态显示，就是当显示器显示某个字符时，相应的字段（发光二极管）恒定的导通或截止，直到显示另一个字符为止。例如，数码管显示器 a、b、c 段恒定导通，其余段和小数点恒定截止时，显示“7”；当更换显示另一个字符“8”时，显示器的 a、b、c、d、e、f、g 段恒定导通，dp 截止。

七段数码管工作于静态显示方式时，若为共阴极数码管，则各位的公共端 COM 接地；若为共阳极数码管，则各位公共端 COM 接电源正极。每位的段选线（a~dp）分别与一个 8 位输出口相连，显示器中的各位相互独立，而且各位的显示字符一经确定，相应的输出将维持不变。正因为如此，静态显示器的亮度较高。这种显示方式编程容易，管理也比较简单，但占用I/O口资源较多，因此，在显示位数较多的情况下，一般都采用动态显示方式。关于动态显示方式的将在项目七中学习。

（三）电路原理图

本设计选用AT89S52单片机芯片，利用片内ROM存储程序，因此$\overline{EA}$/VPP引脚接高电位。

综合以上设计，得到如图4-3所示的2位七段数码管显示电路原理图。

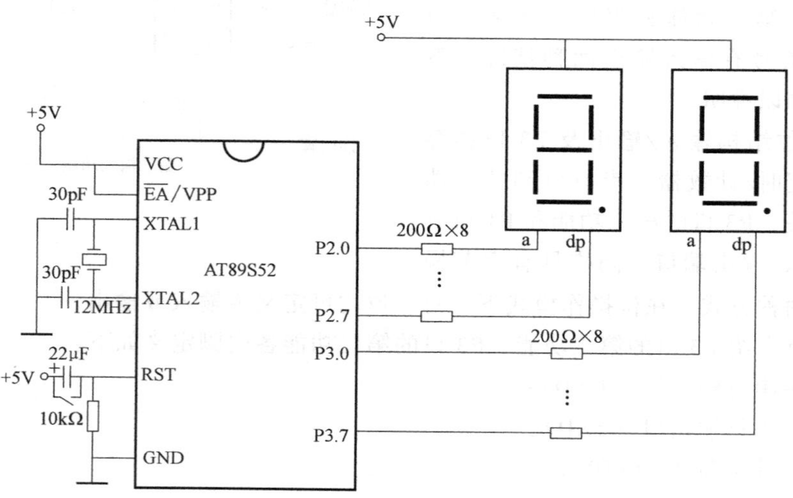

图4-3 单片机控制2位数码管显示电路原理图

（四）材料表

从原理图4-3可以得到实现本项目所需的元器件，元器件清单见表4-1。

表4-1 元器件清单

序号	元器件名称	元器件型号	元器件数量	备注
1	单片机芯片	AT89S52	1片	DIP封装
2	数码管	LG5011BSR	2只	共阳极
3	晶振	12MHz	1只	
4	电容	30pF	2只	瓷片电容
		22μF	1只	电解电容
5	电阻	200Ω	16只	碳膜电阻
		10kΩ	1只	碳膜电阻
6	按键		1只	无自锁
7	40脚IC座		1片	安装AT89S52芯片

二、控制程序的编写

（一）绘制程序流程图

本项目要显示的数字的段选码仍然采用数组的方式。而要循环显示0~99的数字，需要

应用循环程序结构。流程图如图 4-4 所示。

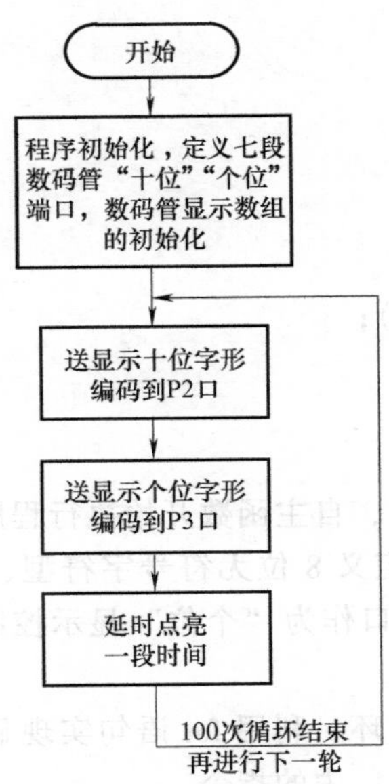

图 4-4　2 位数码管显示 0~99 程序流程图

(二) 编写 C 语言程序

1. 参考程序清单

```
#include <reg52. h>
#define uchar unsigned char
#define uint unsigned int
#define SW P2
#define GW P3
uchar shu;
uchar code table[ ] = {0xc0,0xf9,0xa4,0xb0,0x99,0x92,0x82,0xf8,
                  0x80,0x90};//共阳极数码管 0~9 的段选码
void delayms(uint);
void main( )
{
    while(1)
    {
        for(shu=0;shu<100;shu++)
        {
          SW=table[shu/10];
          GW=table[shu%10];
          delayms(500);
        }
```

```
        }
    }
    void delayms(uint xms)
    {
        uint i,j;
        for(i=xms;i>0;i--)
            for(j=0;j<110;j++);
    }
```

2. 程序执行过程

单片机上电或执行复位操作后，自主函数开始执行程序。在执行主函数前，先进行相关初始化：包含<reg52. h>头文件，定义 8 位无符号字符型、16 位无符号整型，定义 P2 口作为“十位”显示控制端，定义 P3 口作为“个位”显示控制端，定义 8 位无符号字符型变量 shu，定义 0~9 字形码数组。

进入主函数后，直接进入大循环。利用 for 语句实现显示数据 0~99 的控制，每执行一次 for 指令，都要执行其循环体 { } 中的指令。

指令 SW=table [shu/10]，是将变量 shu 除以 10，取整数部分（即十位），然后在数组中找到对应的编码，送到 P2 口；指令 GW=table [shu%10]，是将变量 shu 除以 10，取余数部分（即个位），然后在数组中找到对应的编码，送到 P3 口；然后调用延时子函数，使得数字能够显示一段时间。

for 语句循环 100 次后，数据显示到了 99，shu=100，退出 for 循环。由于 while（1）是死循环，会继续进入下一次 0~99 的循环。

(三) 相关指令学习

1. C 语言中的位操作符

因为 C 语言的设计目的是取代汇编语言，所以它必须支持汇编语言所具有的运算能力，所以 C 语言支持全部的位操作符（Bitwise Operators）。位操作是对字节或字中的位（bit）进行测试、置位或移位处理，在对微处理器的编程中，特别适合对寄存器、I/O 端口进行操作。

六种操作符的形式与含义如下：

&：按位与；

|：按位或；

^：按位异或；

~：取反；

>>：数据右移；

<<：数据右移。

>>、<<两种操作在项目二中已详细学习，此处不再讲述。

(1) 按位与运算　按位与运算符 & 的作用是对运算符两侧以二进制表达的操作数按位分别进行与运算，而这一运算是以数中相同的位（bit）为单位的。操作的规则是：仅当两个操作数都为 1 时，输出的结果才为 1，否则为 0。

例如：

a = 0x88，b = 0x81，则 a & b 的运算结果如下：

0x88　1000 1000　a 数

&　0x81　1000 0001　b 数

=　0x80　1000 0000

其中，& 运算符使 a 数 0x88 与 b 数 0x81 的第 0 位与第 0 位、第 1 位与第 1 位……第 7 位与第 7 位分别进行与运算。由于与运算的操作规则是，两个操作数中各位只要有 1 个为 0，其结果中对应的位就为 0。而 a 数与 b 数中只有最高位（第 7 位）均为 1，因此该位结果为 1，其他各位结果都为 0。

通常我们可把按位与操作作为关闭某位（即将该位置 0）的手段，例如我们想要关闭 a 数中的第 3 位，而又不影响其他位的现状，可以用一个数 0xF7，即二进制数 11110111 去与 a 数作按位与运算：

0x88　1000 1000　a 数

& 0xf7　1111 0111　屏蔽数

= 0x80　1000 0000

注意：这个数除第三位为 0 外，其他各位均为 1，操作的结果只会将 a 数中的第 3 位清零，而 a 数的其他位不受影响。也就是说，若需要某个数的第 *n* 位关闭，只要将该数与另一个数按位进行与运算，另一个数除了相应的第 *n* 位为 0 外，其他各位都为 1，以起到对其他各位的屏蔽作用。

上面的运算可以用 a = a&（0xf7）来表示，也可以用 a& =（0xf7）来表示。这两个表达式功能是相同的，但在源程序代码中常见到的是第二种形式。

（2）按位或运算　按位或运算符 | 的作用是对运算符两侧以二进制表达的操作数按位分别进行或运算，而这一运算是以数中相同的位（bit）为单位的。操作的规则是：仅当两个操作数都为 0 时，输出的结果才为 0，否则为 1。

例如：

a = 0x88，b = 0x81，则 a | b 的运算结果如下：

0x88　1000 1000　a 数

|0x81　1000 0001　b 数

=　0x89　1000 1001

通常我们可把按位或操作作为置位（即将该位置 1）的手段，例如我们想要将 a 数中的第 0 位和第 1 位置 1，而又不影响其他位的现状，可以用一个数 0x03，即二进制数 00000011 去与 a 数作按位或运算：

0x88　1000 1000　a 数

| 0x03　0000 0011　屏蔽数

= 0x8b　1000 1011

注意：这个数除第 0、1 位为 1 外，其他各位均为 0，操作的结果只会将 a 数中的第 0、1 位置 1，而 a 数的其他位不受影响。也就是说，若需要某个数的第 *n* 位置 1，只要将该数与另一个数按位进行或运算，另一个数除了相应的第 *n* 位为 1 外，其他各位都为 0，以

起到对其他各位的屏蔽作用。上面的运算可以用 a=a | （0x03）来表示，也可以用 a | =（0x03）来表示。

（3）按位异或运算　按位异或运算符 ^ 的作用是对运算符两侧以二进制表达的操作数按位分别进行异或运算，而这一运算是以数中相同的位（bit）为单位的。异或运算操作的规则是：仅当两个操作数不同时，相应的输出结果才为1，否则为0。例如：

a=0x88，b=0x81，则 a ^ b 的运算结果如下：

　0x88　1000 1000　a 数

^　0x81　1000 0001　b 数

=　0x09　0000 1001

按位异或运算 ^ 具有一些特殊的应用，介绍如下：

1）按位异或运算可以使特定的位取反。

例如：我们想让 a 数中的最低位和最高位取反，只要用 0x81，即二进制数 10000001 去与它作按位异或运算，其运算结果同上式。经过操作后，最高位的值已经由 1 变 0，而最低位的值也已经由 0 变 1，起到了使这两位取反的效果，且其他位的状态保持不变。

可以看到，这个数除最低位、最高位为 1 外，其他各位均为 0，操作的结果只会将 a 数中的第 0、7 位取反，而 a 数的其他位不受影响。也就是说，若需要某个数的第 *n* 位取反，只要将该数与另一个数按位进行异或运算，另一个数除了相应的第 *n* 位为 1 外，其他各位都为 0，以起到对其他各位的屏蔽作用。上面的运算可以用 a=a^(0x81) 来表示，也可以用a^=(0x81) 来表示。

2）直接交换两个变量的值。

例如，若有变量 a=3，b=4，想要交换它们的值，可以做如下一组操作：

a ^=b

b ^=a

a ^=b

首先，a ^=b：

a　0000 0011

^ b　0000 0100

a=0000 0111

其次，b ^=a：

b 0000 0100

^ a 0000 0111

b=0000 0011

最后，a ^=b：

a 0000 0111

^ b 0000 0011

a=0000 0100

这样，a、b 两个变量中的值就进行了对调。

（4）取反运算　取反运算符 ~ 的作用是将各位数字取反：所有的 0 置为 1，1 置为 0。例如：

1001 0110 取反后结果为 0110 1001。

2. 测试不等语句“!=”

本语句功能时测试符号两边的数据是否不等，若不等，则为真（1）；若相等，则为假（0）。可以使用 while（shu!=100）语句，判断是否显示完 100 个数。本项目中程序可以修改如下：

```
void main()
{
    while(shu!  =100)
    {
            shu++;
            SW=table[shu/10];
            GW=table[shu%10];
            delayms(500);
        }
    shu=0;
}
```

三、程序的仿真与调试

1）运行 Keil 软件，将本项目中的 C 语言程序以文件名 lx4.c 保存，添加到工程文件并进行软件仿真的设置。

2）利用 Keil 软件进行文件编译、仿真。将已经存储完成的文件进行编译，编译成功的程序在写入芯片前，可以先进行计算机软件仿真，通过观察分析存储器中相关数据的变化，分析源程序是否正确。当延时程序较长时，可以通过设置“断点”的方法检查程序是否符合要求。

3）利用 Proteus 软件，绘制电路图，将编译完整的文件装载到单片机芯片，观察程序运行的仿真现象，理解程序的意义。单片机控制 2 位数码管显示软件仿真如图 4-5 所示。

4）程序的下载及运行。利用 ISP 下载线或者串口，将编译生成的可执行文件下载到所用的芯片中，运行程序，观察 2 个数码管的数字变化，理解程序的意义。

5）修改源程序，改变显示初值并减少延时时间，重复以上步骤，观察实际控制电路和 Proteus 仿真电路中，2 个数码管的初值和变化速度，理解程序意义及相关指令的功能。

知识拓展

LED 显示器介绍

LED 显示器（LED panel）是一种通过控制半导体发光二极管的显示方式，用来显示文字、图形、图像、动画、行情、视频、录像信号等各种信息的显示屏幕。

通过发光二极管芯片的适当连接（包括串联和并联）和适当的光学结构，可构成发光显示器的发光段或发光点。由这些发光段或发光点可以组成数码管、符号管、米字管、矩阵

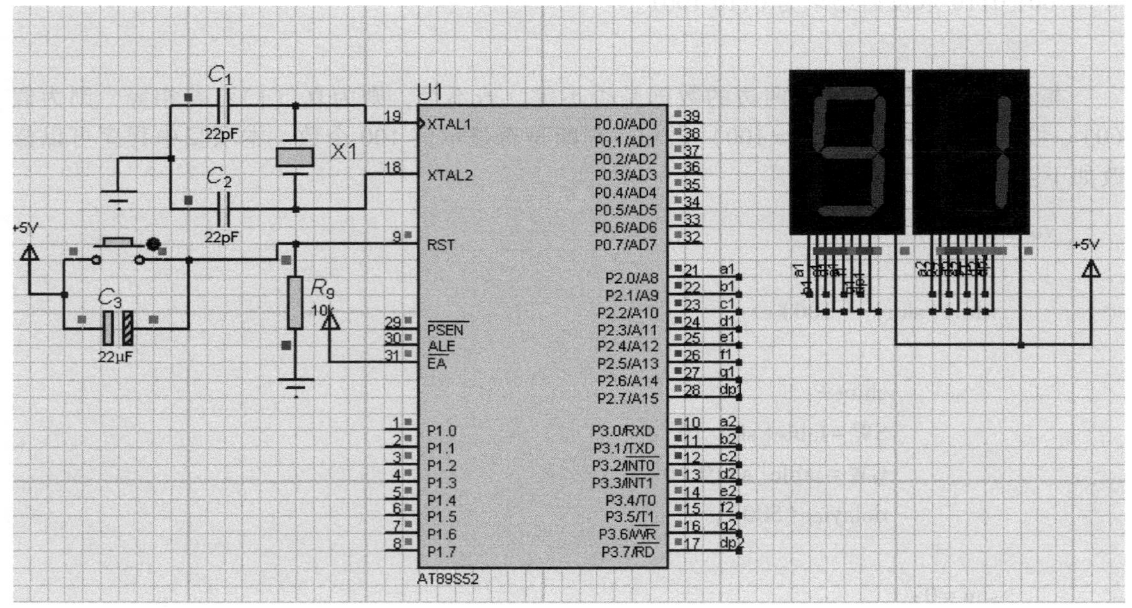

图 4-5　单片机控制 2 位数码管显示软件仿真

管、电平显示器等。通常把数码管、符号管、米字管统称为笔画显示器，而把笔画显示器和矩阵管统称为字符显示器。

一、LED 显示器结构及分类

（一）结构

基本的半导体数码管是由七个条状发光二极管芯片排列而成，可实现数字 0~9 的显示。其具体结构有反射罩式、条形七段式及单片集成式、多位数字式等。

1）反射罩式数码管一般用白色塑料做成带反射腔的七段式外壳，将单个 LED 贴在与反射罩的 7 个反射腔相互对应的印制电路板上，每个反射腔底部的中心位置就是 LED 芯片。在装反射罩前，用压焊方法在芯片和印制电路上相应金属条之间连接 $\phi30\mu m$ 的硅铝丝或金属引线，在反射罩内滴入环氧树脂，再把带有芯片的印制电路板与反射罩对位黏合，然后固化。

反射罩式数码管的封装方式有空封和实封两种。实封方式采用散射剂和染料的环氧树脂，较多地用于一位或双位器件。空封方式是在上方盖上滤波片和匀光膜，为提高器件的可靠性，必须在芯片和底板上涂以透明绝缘胶，这样还可以提高光效率。这种方式一般用于四位以上的数字显示（或符号显示）。

2）条形七段式数码管属于混合封装形式，是把做好管芯的磷化镓或磷化镓圆片，划成内含一只或数只 LED 发光条，然后把同样的七条粘在日字形框架上，用压焊工艺连接好内引线，再用环氧树脂包封起来。

3）单片集成式多位数字显示器是在发光材料基片上（大圆片），利用集成电路工艺制作出大量七段数字显示图形，通过划片把合格芯片选出，对位贴在印制电路板上，用压焊工艺引出引线，再在上面盖上“鱼眼透镜”外壳。它们适用于小型数字仪表中。

4）符号管、米字管的制作方式与数码管类似。

5）矩阵管（发光二极管点阵）也可采用类似于单片集成式多位数字显示器工艺方法制作。

（二）分类

（1）按字高分　笔画显示器字高最小为1mm，单片集成式多位数码管字高一般在2~3mm，其他类型笔画显示器最高可达12.7mm（0.5in，1in=25.4mm）甚至达数百毫米。

（2）按颜色分　有红、橙、黄、绿等颜色。

（3）按结构分　有反射罩式、条形七段式及单片集成式。

（4）从各发光段电极连接方式分有共阳极和共阴极两种。

二、OLED技术

OLED是英文Organic Light-Emitting Diode的缩写，被称为有机发光二极管或有机发光显示器。事实上这种发光原理早在1936年就被人们所发现，但直到1987年柯达公司推出了OLED双层器件，OLED才作为一种可商业化和性能优异的平板显示技术而引起人们的重视。

有些人容易把OLED和LED背光联系在一起，事实上它们是完全不同的显示技术。OLED是通过电流驱动有机薄膜本身来发光的，发的光可为红、绿、蓝、白等单色，同样也可以达到全彩的效果。OLED是一种不同于CRT、LED和液晶技术的全新发光原理技术。

项目测试

一、填空题

1. 当单片机控制少量数码管（1~2个）工作时，通常选择________显示方法。

2. 要将数据0x33的最低位清零，可以采用____运算的方式，将此数据和数0xfe运算即可。

3. 要将数据0x47的最高位置1，可以采用____运算的方式，将此数据和数0x80运算即可。

4. 要想将一个3位十进制数的百位取出来，设此数为a，百位用BW表示，程序表达式应写作________。

二、选择题

1. 单片机控制2个数码管的电路中，若将1个数码管从P2口换到P0口，电路图应该（　　）。

A. 只将P2口端线换到P0口即可　　B. 数码管的公共端要接地

C. P2口端线换到P0口，同时P0口要加上拉电阻　　D. P0口只能做输入口

2. 若本项目中，把显示数字的十位、个位互换，下面（　　）修改方法能实现且最简单。

A. 电路中两个数码管连线交换

B. 程序不变，电路接线不变，只改变数码管的位置就可以

C. 电路不变，程序中SW、GW内容互换

D. 将个位的数码管换到P0口

3. 可以将P1口的低4位全部置高电平的表达式是（　　）

A. P1& = 0x0f　　B. P1 | = 0x0f

C. P1^ = 0x0f　　D. P1 = ~0x0f

三、程序编写

设计一个控制电路并编写程序，实现 4 位数码管循环显示 0000~9999。

项目评估

项目评估表

评价项目	评价内容	配分	评价标准	得分
电路分析	电路基础知识	20	掌握单片机 P2、P3 口的位置及各个引脚的名称　5 分	
			掌握数码管与单片机连接的方式　5 分	
			理解电路中各元器件功能　10 分	
电路搭建	在实训台选择对应的模块及元器件	10	模块及元器件选择合理	
程序编制、调试、运行	指令学习	20	能正确理解取余、取整的意义　5 分	
			理解一维数组在程序中的实际意义　10 分	
			能根据要求选择适合的指令　5 分	
	程序分析、设计	20	能正确分析程序功能　10 分	
			能根据要求设计功能相似程序　10 分	
	程序调试与运行	20	程序输入正确　5 分	
			程序编译仿真正确　5 分	
			能修改程序并分析　10 分	
安全文明生产	使用设备和工具	5	正确使用设备和工具	
团结协作意识	集体意识	5	各成员分工协作，积极参与	

项目五

4路数字显示抢答器控制

项目目标

通过单片机控制4路数字显示抢答器（后文简称为4路抢答器），学习MCS-51单片机芯片P2口作输入口使用的方法，熟练掌握C语言编写单片机程序的方法，学习独立按键及矩阵键盘识别电路及编程方法。

项目任务

应用AT89S52芯片及简单的外围电路，设计制作一个4路抢答器，当按下“开始”按键后，参赛选手进行抢答，使用1位七段数码管（简称数码管）显示最先按键选手的号码并保持到下一次抢答开始。

项目分析

在常见的一些娱乐及知识问答节目中，抢答是一种娱乐性、竞争性较强的形式，也是比较吸引人的比赛环节。本项目将单片机芯片P1口用作输出口，控制1位数码管显示抢答者号码；将P2口用作输入口，使用4个引脚连接4只独立按键。当有选手按下按键后，系统将其他选手的抢答信号屏蔽，按键选手号码的识别和显示通过程序实现。

项目实施

一、硬件电路设计

（一）硬件电路设计思路

利用AT89S52芯片P1口控制1位数码管进行选手编号的显示，利用P2口的P2.0~P2.3引脚连接4只按键。

（二）硬件电路设计相关知识

1. 1位LED数码管显示电路

本电路使用AT89S52的P1口直接驱动1位LED七段数码管。

2. 抢答器（独立按键）控制电路

在单片机外围电路中，通常用到的按键都是机械性开关，当开关闭合时，线路导通；开关断开时，线路断开。单片机的外围输入控制用弹性按键较好，弹性按键被按下时电路闭合，松手后自动断开；自锁式按键按下时闭合且会自动锁住，只有再次按下时才会弹起断开。通常我们把自锁式按键用作开关。本项目中控制“开始”的电源开关使用自锁按键。

单片机检测按键原理：单片机的I/O口即可作输出也可作输入使用，当检测按键时用的是它的输入功能。我们把按键的一端接地，另一端与单片机的某个I/O引脚相连，同时在该引脚加上拉电阻，即开始时先给该引脚置高电平，然后利用单片机程序不断检测该I/O引脚的电平是否变为低电平。当按键被按下时，即相当于该I/O引脚通过按键与地相连，变为低电平。程序一旦检测到I/O口变为低电平，就说明按键被按下，然后执行相应的指令。按键与单片机连接示意图如图5-1所示。

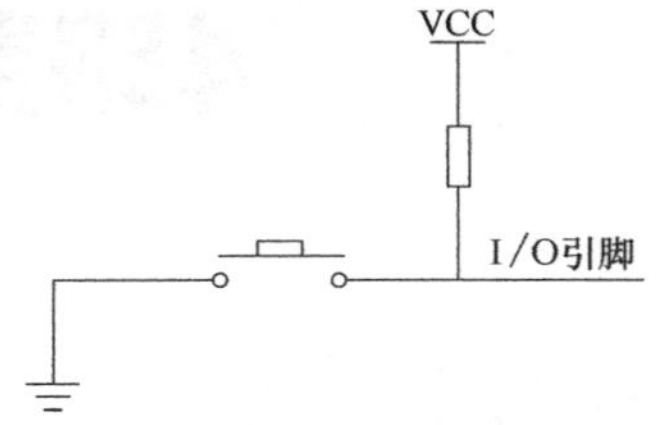

图5-1　按键与单片机连接示意图

4只抢答器按键分别连接到P2口的P2.0、P2.1、P2.2、P2.3引脚，通过按键是否动作控制对应引脚电平的变化。当没有选手抢答时，按键通过上拉电阻接高电平；而有选手按下按键时，单片机芯片的对应输入信号则变为低电平。

按键被按下时，其触点电压变化过程如图5-2所示。从图中可以看到，理想波形与实际波形之间是有区别的：实际波形在按下和释放的瞬间都有抖动现象。抖动时间的长短和按键的机械特性有关，一般为5~10ms。通常我们手动按下按键后立即释放，这个动作中稳定闭合的时间超过20ms。因此单片机在检测按键是否按下时都要加上去抖动操作，有专用的去抖动电路，也有专用的去抖动芯片，但通常我们用软件延时的方法就能很容易地解决抖动问题，而没有必要再添加多余的硬件电路。

（三）电路原理图

本设计AT89S52单片机芯片的片内ROM，因此$\overline{EA}$/VPP引脚接高电位。综合以上设计，得到如图5-3所示的4路抢答器电路原理图。

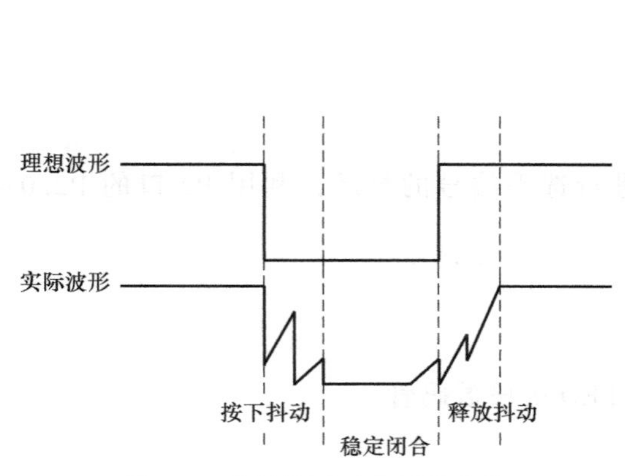

图5-2　按键按下时电压的变化

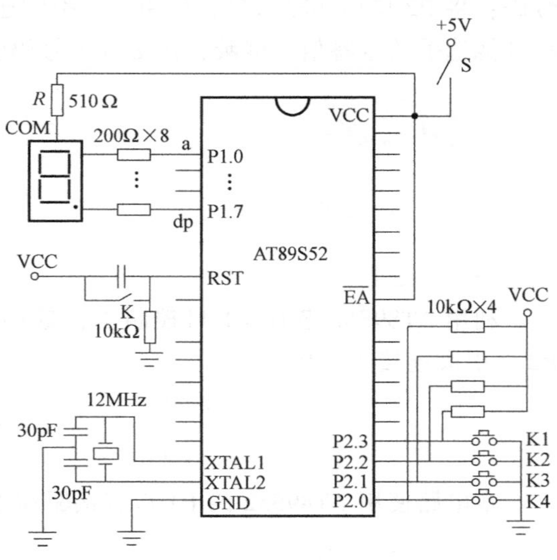

图5-3　单片机控制4路抢答器电路原理图

（四）材料表

从原理图 5-3 可以得到实现本项目所需的元器件，元器件清单见表 5-1。

表 5-1　元器件清单

序号	元器件名称	元器件型号	元器件数量	备注
1	单片机芯片	AT89S52	1片	DIP 封装
2	七段数码管	LG5011BSR	1只	共阳极
3	晶振	12MHz	1只	
4	电容	30pF	2只	瓷片电容
		22μF	1只	电解电容
5	电阻	200Ω	8只	碳膜电阻，可用 1 只排阻代替
		10kΩ	5只	碳膜电阻
6	按键		4只	无自锁
			1只	带自锁
7	40 脚 IC 座		1片	安装 AT89S52 芯片

二、控制程序编写

（一）绘制程序流程图

本控制显示的数字要根据按键的识别情况进行显示，因此程序的结构应使用分支程序结构。

根据不同条件选择程序流向的程序结构称为分支程序。分支程序的特点是程序的流向有两个或两个以上出口，它可以根据程序要求改变程序的执行顺序。C 语言中，if 语句是可以实现分支选择控制的语句。本项目程序流程图如图 5-4 所示。

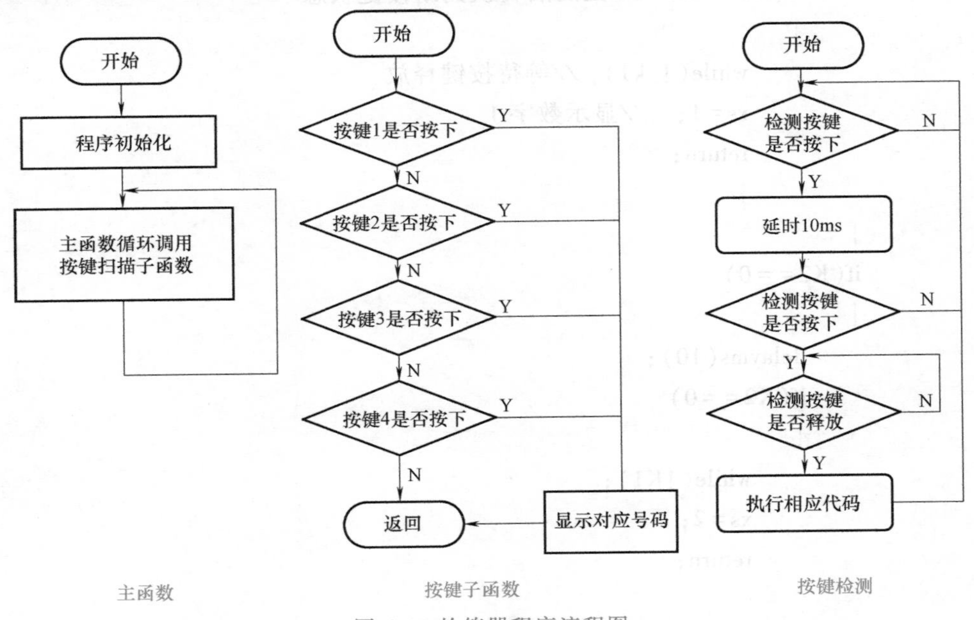

图 5-4　抢答器程序流程图

（二）编写C语言程序

1. 参考程序清单：

```
#include <reg52.h>              //包含52系列单片机头文件
#define uchar unsigned char //定义无符号字符型
#define uint unsigned int   //定义无符号整型
sbit K1=P2^3;                   //定义K1连接到P2.3
sbit K2=P2^2;                   //定义K2连接到P2.2
sbit K3=P2^1;                     //定义K3连接到P2.1
sbit K4=P2^0;                   //定义K4连接到P2.0
uchar code table[ ]={0xff,0xf9,0xa4,0xb0,0x99};//定义代码:全灭、1、2、3、4
uchar xs=0;  //初始化显示全灭 xs=0
void delayms(uint xms)  //毫秒级延时子函数
{
     uint i,j;
     for(i=xms;i>0;i--)
          for(j=110;j>0;j--);
}
void keyscan( )  //按键扫描子函数
{
          if(K1==0)//判断按键K1是否被按下
          {
               delayms(10);//延时消除按键抖动
               if(K1==0)  //延时后再次判断按键状态
               {
                    while(! k1); //等待按键释放
                    xs=1;  //显示数字1
                    return;
               }
          }
          if(K2==0)
          {
               delayms(10);
               if(K2==0)
               {
                    while(!K1);
                    xs=2;
                    return;
```

```
            }
        }
        if(K3==0)
        {
            delayms(10);
            if(K3==0)
            {
                while(!K1);
                xs=3;
                return;
            }
        }
        if(K4==0)
        {
            delayms(10);
            if(K4==0)
            {
                while(!K1);
                xs=4;
                return;

            }
        }
}
void main()
{
    while(1)
    {
    keyscan();
    P1=table[xs];
    }
}
```

2. 程序执行过程

单片机上电或执行复位操作后，程序从主函数开始执行。执行主函数前，先进行相关初始化并定义 P2 口的 4 个引脚 P2.0~P2.3 连接 4 只按键，分别命名为 K4~K1。

进入主函数，执行 while 大循环。先执行按键扫描子函数，再执行“P1=table[xs];”，将按键数字段选码送 P1 口数码管显示。

按键扫描函数：检测按键 K1 是否按下，若按下（K1=0），则进入当前的 if 语句循环体；若没有按下（K1≠0），则进入下一条 if 语句判断 K2。进入当前 if 语句循环体后，先利用延时子函数消除按键的抖动，再判断按键状态。若按键依然是按下的状态，则等待按键释放，按键释放后，将要显示的数字赋给 xs，然后退出按键扫描程序。若延时后按键状态不是按下的，说明刚才的判断是误操作，则直接退出当前循环。

一次抢答结束后，主持人通过复位按键进行显示数据的清除，等待下次抢答开始。

注意：在按键扫描程序中，“delayms（10）；”即为按键去抖动延时程序。在确认按键被按下后，程序中还有语句“while（!K1）；”，它的意思是等待按键释放，若按键没有释放，则 K1 始终为 0，那么！K1 始终为 1，程序就一直停在这个 while 语句处，直到按键释放，K1 变为 1，! K1 成为 0，才退出 while 循环。

通常我们在检测单片机的按键时，要等到按键确认后才去执行相应的代码。若不加按键释放检测，由于单片机执行代码的速度非常快，而且不断循环检测按键，所以当按下一个键时，单片机就会在循环中多次检测到按键被按下，从而造成错误的结果。

（三）相关指令学习

1. if 语句

用 if 语句可以构成分支结构。它根据给定的条件进行判断，以决定执行某个分支程序段。C 语言的 if 语句有三种基本形式。

（1）if 基本形式

```
if（表达式）语句
```

其语义是：如果表达式的值为真，则执行其后的语句，否则不执行该语句。

（2）if-else 形式

```
if(表达式）语句 1;
else 语句 2;
```

其语义是：如果表达式的值为真，则执行语句 1，否则执行语句 2。

（3）if-else-if 形式

前两种形式的 if 语句一般都用于两个分支的情况。当有多个分支进行选择时，可采用 if-else-if 语句，其一般形式为

```
if(表达式 1)
    语句 1;
    else if(表达式 2)
    语句 2;
    else if(表达式 3)
    语句 3;
    …
    else if(表达式 m)
    语句 m;
else
语句 n;
```

其语义是：依次判断表达式的值，当出现某个值为真时，则执行其对应的语句，然后跳到整个 if 语句之外继续执行程序；如果所有的表达式均为假，则执行语句 n，然后继续执行后续程序。

注意：在三种形式的 if 语句中，在 if 关键字之后均为表达式。该表达式通常是逻辑表达式或关系表达式，但也可以是其他表达式，如赋值表达式等，甚至也可以是一个变量。例如：

```
if(a=5) 语句;
if(b) 语句;
```

这些都是被允许的。只要表达式的值为非 0，即为“真”。

2. if 语句的嵌套

当 if 语句中的执行语句又是 if 语句时，则构成了 if 语句嵌套的情形。其一般形式可表示如下：

```
if(表达式)
    if 语句;
```

或者为

```
if(表达式)
    if 语句;
else
    if 语句;
```

在嵌套内的 if 语句可能又是 if-else 型的，这将会出现多个 if 和多个 else 重叠的情况，这时要特别注意 if 和 else 的配对问题。例如：

```
if(表达式 1)
    if(表达式 2)
        语句 1;
    else
语句 2;
```

其中的 else 究竟是与哪一个 if 配对呢？

应该理解为

```
if(表达式 1)
    if(表达式 2)
        语句 1;
        else  //表达式 2 不成立
        语句 2;
```

还是应理解为

```
if(表达式 1)
    if(表达式 2)
```

```
        语句 1;
    else  //表达式 1 不成立
        语句 2;
```

为了避免这种歧义，C 语言规定，else 总是与它前面最近的 if 配对，因此对上述例子应按前一种情况理解。

若只要满足一个条件就退出程序，可以在对应执行语句后边写 return，即退出当前函数了。

3. switch-case 语句

1）if 语句处理两个分支或多个分支时需使用 if-else-if 结构，但如果分支越多，则嵌套的 if 语句层就越多。程序不但庞大而且理解也比较困难，因此，C 语言又提供了一个专门用于处理多分支结构的条件选择语句，即 switch 语句，又称开关语句。其一般形式为

```
switch(表达式)
{
case 常量表达式 1:语句 1; break;
case 常量表达式 2:语句 2; break;
    ……
case 常量表达式 n:语句 n; break;
default:语句 n+1;
}
```

switch 语句的执行流程是：首先计算 switch 后面圆括号中表达式的值，然后用此值依次与各个 case 后常量表达式的值进行比较，若两者的值相等，就执行此 case 后面的语句，执行后遇到 break 语句就退出 switch 语句；若圆括号中表达式的值与所有 case 后面的常量表达式都不等，则执行 default 后面的语句 n+1，然后退出 switch 语句，程序流程转向开关语句的下一个语句。

又如以下程序，我们可以根据输入的考试成绩等级，输出百分制分数段：

```
switch(grade)
{
case 'A': //注意,这里是冒号:并不是分号;
    printf("85-100\n");
    break; //每一个 case 语句后都要跟一个 break 用来退出 switch 语句
case'B':/每一个 case 语句后的常量表达式结果必须是不同的值以保证分支的唯一性
    printf("70-84\n");
    break;
case 'C':
    printf("60-69\n");
    break;
case 'D':
```

```
        printf("<60\n");
        break;
    default:
        printf("error! \n");
    }
```

2）如果在 case 后面包含多条执行语句时，也不需要像 if 语句那样加大括号，进入某个 case 后，会自动顺序执行本 case 后面的所有执行语句。

3）default 总是放在最后，这时 default 后不需要 break 语句。并且，default 部分也不是必需的，如果没有这一部分，当 switch 后面圆括号中表达式的值与所有 case 后面的常量表达式的值都不相等时，则不执行任何一个分支直接退出 switch 语句。此时，switch 语句相当于一个空语句。

4）在 switch-case 语句中，多个 case 可以共用一条执行语句，如：

```
    ……
    case 'A':
    case 'B':
    case 'C':
        printf(">60\n");
        break;
        ……
```

在 A，B，C 三种情况下，均执行相同的语句，即输出">60"。

前面那个例子中，如果把每个 case 后的 break 删除掉，则当 grade='A'时，程序从“printf（"85-100\n"）；”开始执行，输出结果为

```
85-100
70-84
60-69
<60
error
```

这是因为 case 后面的常量表达式实际上只起语句标号作用，而不起条件判断作用。因此，一旦与 switch 后面圆括号中表达式的值匹配，就从此标号处开始执行程序语句，而且执行完一个 case 后面的语句后，若没遇到 break 语句，就自动进入下一个 case 继续执行，而不再判断是否与之匹配。直到遇到 break 语句才停止执行，退出 switch 语句。因此，若想执行一个 case 分之后立即跳出 switch 语句，就必须在此分支的最后添加一个 break 语句。

三、程序仿真与调试

1）运行 Keil 软件，将本项目中的 C 语言源程序以文件名 lx5.c 保存，添加到工程文件并进行软件仿真设置。

2）利用 Keil 软件进行文件编译、仿真。将已经存储完成的文件进行编译，编译成功的程序在写入芯片前，可以先进行计算机软件仿真，通过观察分析存储器中相关数据的变化，分析源程

序是否正确。当延时程序较长时，可以通过设置“断点”的方法检查程序是否符合要求。

3）利用 Proteus 软件，绘制电路图，将编译完整的文件装载到单片机芯片，观察程序运行的仿真现象，理解程序的意义。软件仿真 4 路抢答器如图 5-5 所示。

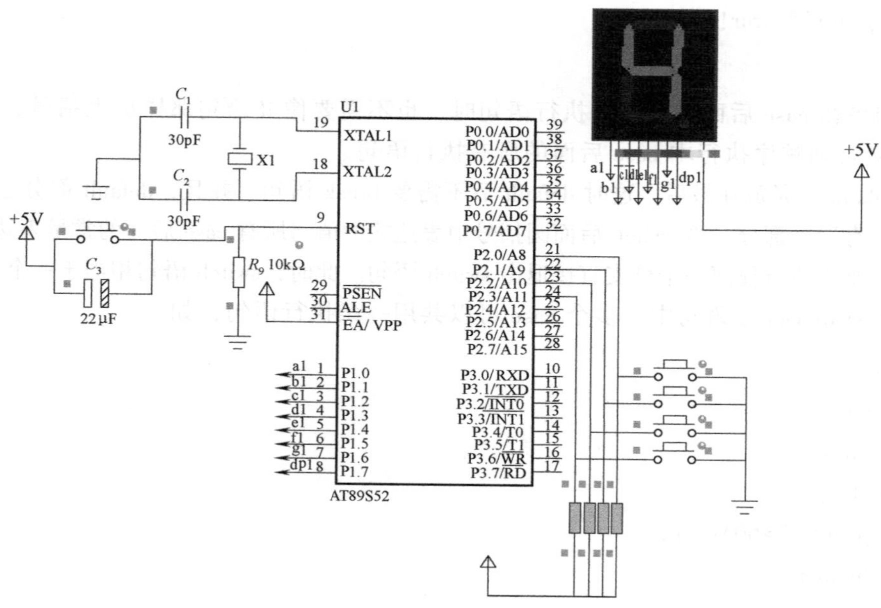

图 5-5 Proteus 软件仿真 4 路抢答器

4）程序的下载及运行。利用 ISP 下载线或者串口将编译完成的文件下载到所用的芯片中，运行程序，观察数码管的显示情况。按下不同的按键，观察显示数字与对应按键的情况，理解程序的意义。4 路抢答器电路实物图连接如图 5-6 所示。

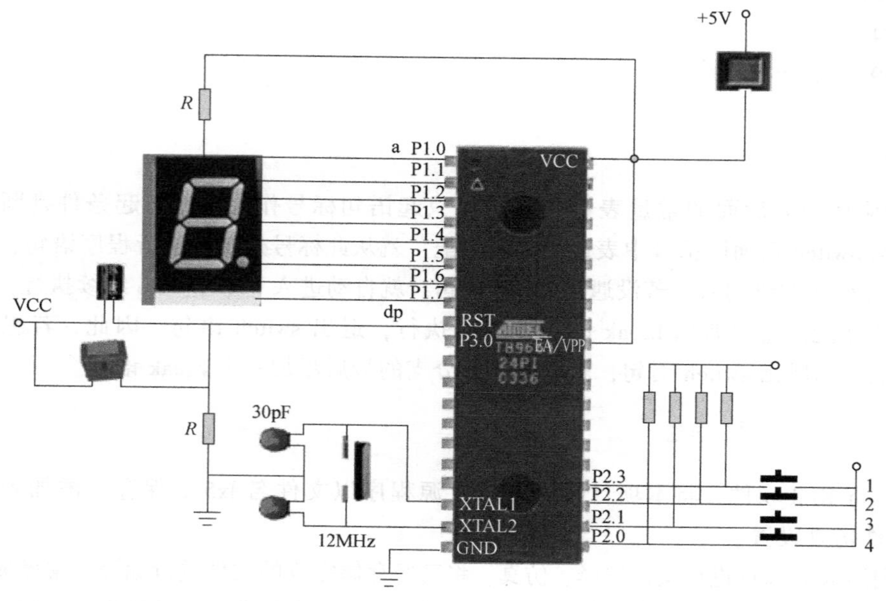

图 5-6 4 路抢答器电路实物图

知识拓展

矩阵键盘的检测

矩阵键盘是单片机外部设备中经常用到的、排布类似于矩阵的键盘组。

在按键数量较多时，为了减少 I/O 口的占用，通常将按键排列成矩阵形式，如图 5-7 所示。在矩阵式键盘中，每条水平线和垂直线在交叉处不直接连通，而是通过一个按键加以连接。这样，一个端口（如 P1 口）就可以连接 4×4＝16 个按键，比直接将按键连接在一个端口上利用率多出了一倍，而且线数越多，优势越明显。

矩阵键盘的结构显然比独立按键要复杂，但是单片机检测其是否被按下的依据一样：检测与该键对应的 I/O 口是否为低电平。独立按键有一端固定为低电平，单片机写程序检测时比较方便。而矩阵键盘两端都与单片机的 I/O 口相连，因此在检测时需人为通过单片机 I/O 口送出低电平，电路原理如图 5-8 所示。

图 5-7　矩阵键盘

矩阵键盘的检测有两种方式：按列扫描和按行扫描。

按列扫描检测是否有按键被按下时，先送全列为低电平 0，全行为高电平 1，然后立即检测 I/O 的状态，若得到的数据依然是列全为 0，行全为 1，说明无按键被按下；若得到的数据与输出的数据不同，则说明有按键被按下。

要确定哪个按键被按下，则先送一列为低电平，其余几列全为高电平，然后立即轮流检测一次各行是否有低电平，若检测到某一行为低电平，则我们可以确认当前被按下的键即在此行此列中。

按行扫描检测时，先将行线全送低电平 0，列线全置高电平 1，扫描检测列线是否有低电平。具体的识别及编程方法见例 5-1。

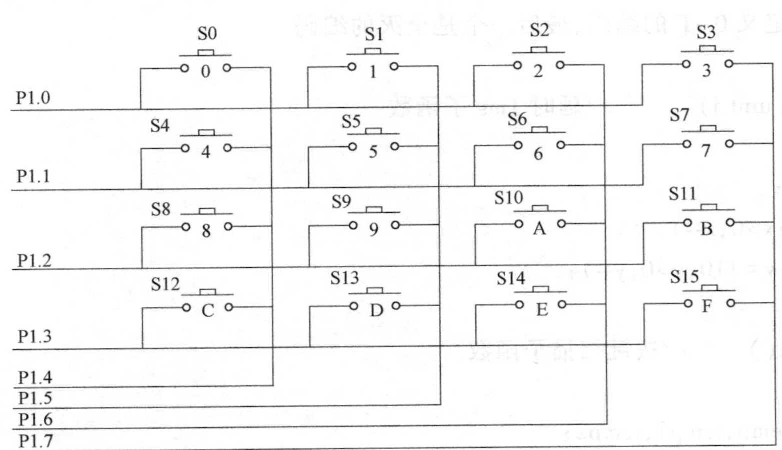

图 5-8　矩阵键盘的电路原理

【例】　将本项目中的抢答器按键修改为 4×4 的矩阵键盘，键盘自左向右，自上向下分别定义为 0~F，要求编写程序实现按下哪个按键，数码管显示哪个按键的值，矩阵键盘简单电路如图 5-9 所示。

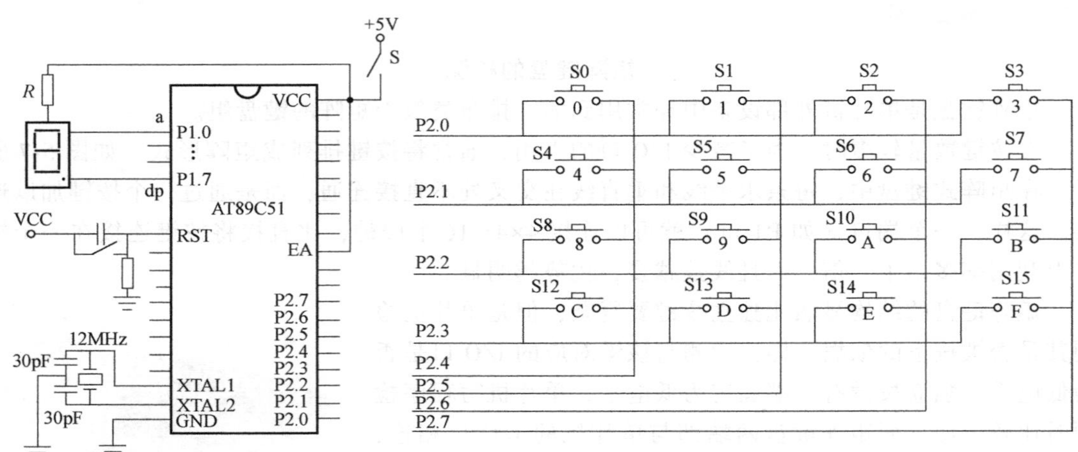

图 5-9　矩阵键盘简单电路

参考程序：

```
#include <reg52. h>
#include <intrins. h>
#include <absacc. h>
#define uchar unsigned char
#define uint unsigned int
uchar key=16;   //定义键值变量 key,显示初值 16(全灭)
uchar code table[ ] = {
    0xc0,0xf9,0xa4,0xb0,0x99,0x92,0x82,0xf8,0x80,0x90,0x88,0x83,0xc6,0xa1,0x86,
0x8e,0xff
};        //定义 0~F 的编码,最后一个是全灭的编码

void delayms( uint i)       //延时 1ms 子函数
{
    uint x,y;
    for( x=i;x>0;x--)
        for( y=110;y>0;y--) ;
}
void key_scan( )      //按键扫描子函数
{
    uchar   temp,temp1,temp2;
    P2=0xf0;      //行线全 1,列线全 0
    temp1=P2;  //读取 P2 口的状态
    if( temp1!=0xf0) //判断是否有键按下
```

```
{
    delayms(10);//有键按下,延时去抖动
    P2=0xf0;
    temp1=P2;
    if(temp1!=0xf0)//再次判断是否有键按下
    {
        P2=0x0f;  //确实有键按下,将列线全1,行线全0
        temp2=P2;  //读取P2口的状态
        temp=temp1|temp2;//将读取的P2口的两个状态按位或运算
        switch(temp)      //利用temp的值确定执行的状态
        {
                case 0xee: key=0;break;      //0号键被按下
                case 0xde: key=1;break;      //1号键被按下
                case 0xbe: key=2;break;      //2号键被按下
                case 0x7e: key=3;break;      //3号键被按下
                case 0xed: key=4;break;      //4号键被按下
                case 0xdd: key=5;break;      //5号键被按下
                case 0xbd: key=6;break;      //6号键被按下
                case 0x7d: key=7;break;      //7号键被按下
                case 0xeb: key=8;break;      //8号键被按下
                case 0xdb: key=9;break;      //9号键被按下
                case 0xbb: key=10;break;      //10号键被按下
                case 0x7b: key=11;break;      //11号键被按下
                case 0xe7: key=12;break;      //12号键被按下
                case 0xd7: key=13;break;      //13号键被按下
                case 0xb7: key=14;break;      //14号键被按下
                case 0x77: key=15;break;      //15号键被按下
        }
        while(temp1!=0xf0)  //等待按键释放
        {
            P2=0xf0;
            temp1=P2;
        }
    }
}
void main()
{
```

```
    while(1)
    {   key_scan();
        P1=table[key];
    }

}
```

上面的例子只是矩阵键盘编写程序的一种方法，在今后的学习中，我们会学到更多的矩阵键盘判断方法。如图 5-10 所示为按下 2 号键后利用 Proteus 软件进行仿真的电路图。

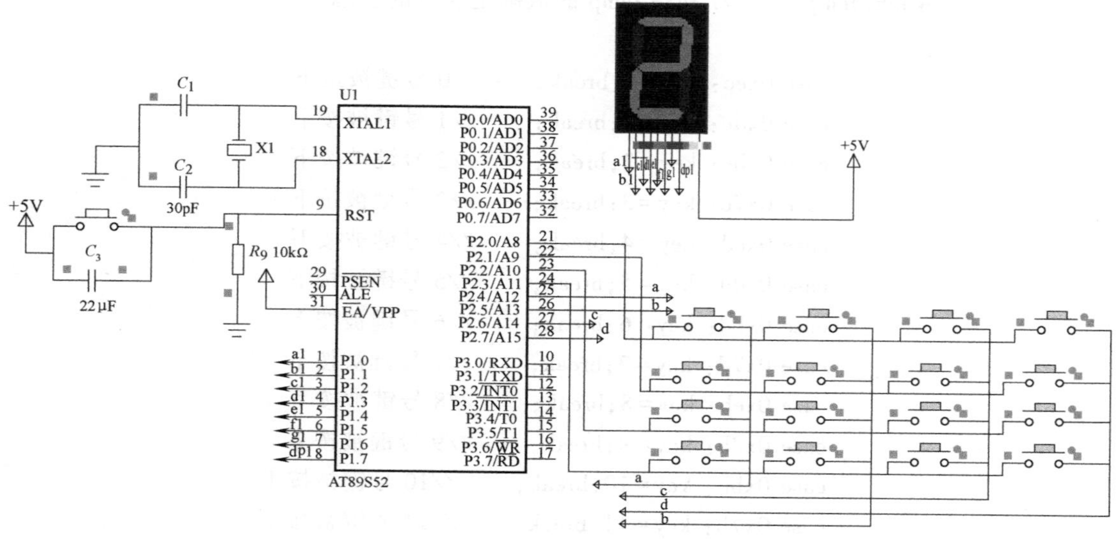

图 5-10　Proteus 软件进行仿真的电路图

项目测试

一、填空题

1. 非编码式键盘识别有效按键的方法通常有两种，一种是＿＿＿＿＿，另一种是＿＿＿＿＿。

2. 在单片机设计中常用到的独立按键一般分为＿＿＿＿和＿＿＿＿两种。

3. 图 5-1 中按键按下后，单片机 I/O 引脚呈现＿＿电位，松开后，单片机 I/O 引脚呈现＿＿电位。

二、选择题

1. 软件在按键处理时，哪一项不是必需的。(　　)

A. 进入中断　　B. 延时去抖　　C. 等待释放　　D. 错，三项都必需

2. 行扫描法识别有效按键时，如果读入的列线值不全为 1，则说明（　　）。

A. 有键被按下　　B. 一定只有一个键被按下

C. 一定有多个键被按下　　　　　　　　D. 没有键被按下

三、编程及问答

1. 消除按键抖动的原理是什么？编写一段延时 10ms 的按键消抖程序。
2. 本项目电路设计中，若 2 个按键同时被按下时，会出现什么现象？程序如何运行？
3. if 语句有哪三种常用形式？
4. 利用 switch-case 语句编写本项目 4 人抢答器单片机控制程序。

项目评估

项目评估表

评价项目	评价内容	配分	评价标准	得分
电路分析	电路基础知识	20	掌握独立按键的电路结构及电平分析　5 分	
			掌握独立按键与单片机连接的方式　5 分	
			理解电路中各元器件功能　10 分	
电路搭建	在实训台选择对应的模块及元器件	10	模块及元器件选择合理	
程序编制、调试、运行	指令学习	20	能正确理解延时函数的意义　5 分	
			理解 if、while(!K1)在程序中的实际意义　10 分	
			能根据要求选择适合的指令　5 分	
	程序分析、设计	20	能正确分析程序功能　10 分	
			能根据要求设计功能相似程序　10 分	
	程序调试与运行	20	程序输入正确　5 分	
			程序编译仿真正确　5 分	
			能修改程序并分析　10 分	
安全文明生产	使用设备和工具	5	正确使用设备和工具	
团结协作意识	集体意识	5	各成员分工协作，积极参与	

项目六

60s倒计时控制

项目目标

通过60s倒计时的单片机控制系统，学习MCS-51单片机定时/计数器的使用，理解软件定时和硬件定时的区别，学习单片机的中断系统相关知识以及单片机中数据处理的方法，能够编写较复杂的控制程序。

项目任务

利用AT89S52芯片，实现60s倒计时控制及显示。要求开机初始化显示59，每隔1s减1，60s时间到发光二极管点亮。

项目分析

将单片机的P0口和P2口分别与2位七段数码管（简称数码管）进行连接，作为时间的显示，在P1.1引脚连接一只蜂鸣器管，作为定时时间到的指示。编写控制程序的重点是1s的定时控制，利用MCS-51型单片机定时/计数器采用中断的方式进行。

项目实施

一、硬件电路设计

（一）硬件电路设计思路

利用AT89S52芯片的P0和P2口控制2位七段数码管，连接时注意数码管的型号以及各引脚的顺序。在P1.1引脚连接1只蜂鸣器，用来作为时间到的指示。

（二）硬件电路设计相关知识

1. 2位数码管控制电路

选用共阳极数码管，分别与AT89S52芯片的P0和P2口连接，P0口控制十位，P2口控制个位，限流电阻选择16只200Ω的电阻。P0口仍然连接5kΩ的上拉电阻。

2. 发光二极管控制电路

选用普通电磁式蜂鸣器，在P1.1引脚与蜂鸣器之间连接510Ω电阻及9013晶体管。

（三）电路原理图

本项目使用 AT89S52 芯片的片内程序存储器，因此$\overline{EA}$引脚接高电平。综合以上分析，得到如图 6-1 所示的电路原理图。

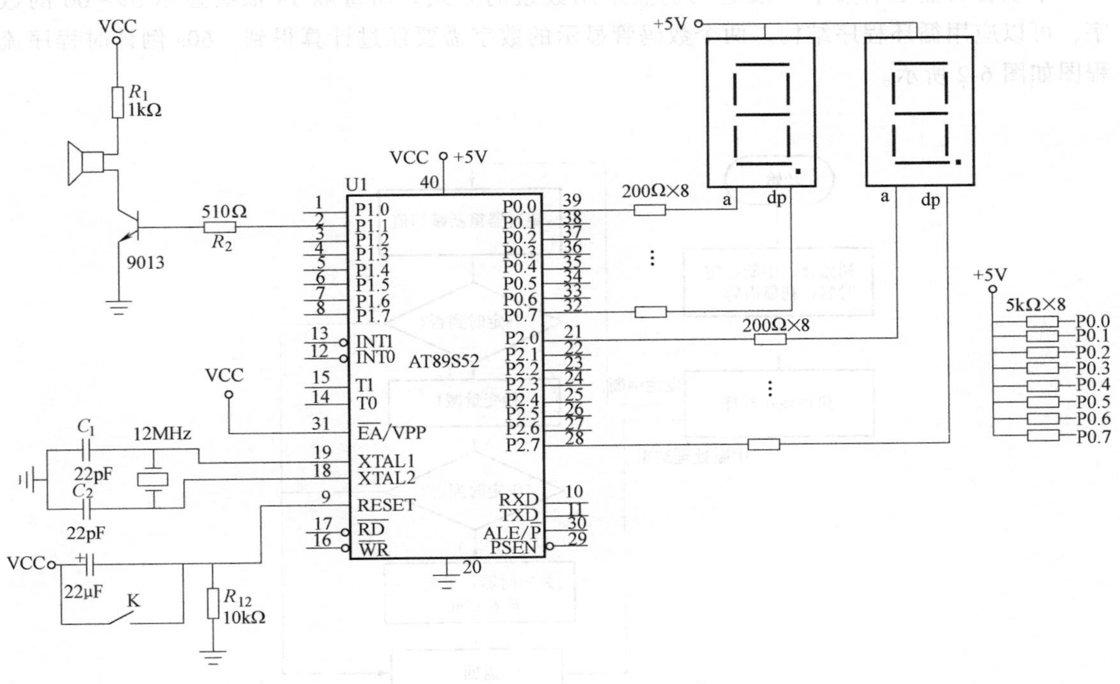

图 6-1　60s 倒计时电路原理图

（四）材料表

从原理图 6-1 可以得到实现本项目所需的元器件，元器件清单见表 6-1。

表 6-1　元器件清单

序号	元器件名称	元器件型号	元器件数量	备注
1	单片机芯片	AT89S52	1 片	DIP 封装
2	七段数码管	LG5011BSR	2 只	共阳极
3	蜂鸣器		1 只	普通型
4	晶振	12MHz	1 只	
5	电容	22pF	2 只	瓷片电容
		22μF	1 只	电解电容
6	电阻	200Ω	16 只	碳膜电阻
		5kΩ	1 只	排阻
		10kΩ	1 只	碳膜电阻
		510Ω	1 只	碳膜电阻
		1kΩ	1 只	碳膜电阻
7	按键		1 只	无自锁
8	40 脚 IC 座		1 片	安装 AT89S52 芯片

二、控制程序的编写

（一）绘制程序流程图

本项目要显示的数字的段选码仍然采用数组的方式。而每隔 1s 依次显示 59~00 的数字，可以应用循环程序结构。两个数码管显示的数字需要经过计算得到。60s 倒计时程序流程图如图 6-2 所示。

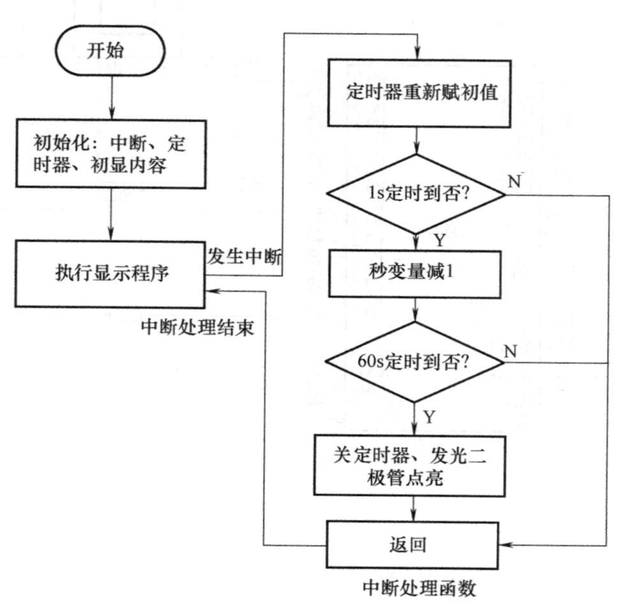

图 6-2　60s 倒计时程序流程图

（二）编写 C 语言程序

1. 参考程序清单

```
#include <reg52. h>
#define uchar unsigned char
#define uint unsigned int
#define SW P0  //P0 口控制显示时间的十位
#define GW P2  // P2 口控制显示时间的个位
sbit FMQ = P1^1; // P1. 1 引脚控制蜂鸣器
uchar code table[ ] = {0xc0,0xf9,0xa4,0xb0,0x99,0x92,0x82,0xf8,
                      0x80,0x90} ;// 定义共阳极数码管 0~9 的段选码表
uchar sj = 59; //定义时间变量 sj,初值是 59
uchar num,shi,ge; //定义计时变量 num,中断一次加 1,满 20 次则 1s 到
                      //定义十位、各位两个变量
void main( )
```

```
{
    TMOD = 0x01;        //设置定时器 0 工作在方式 1
    TH0 = (65536-50000)/256;
    TL0 = (65536-50000)%256;  //装初值
    EA = 1;  //开总中断
    ET0 = 1;  //开定时器 0 中断
    TR0 = 1;  //启动定时器 0
    while(1)
    {
      shi = sj/10;
      ge = sj%10;
      SW = table[shi];//P0 显示十位
      GW = table[ge];//P2 显示个位
    }
}
void timer0( )interrupt 1
{
    TH0 = (65536-50000)/256;
    TL0 = (65536-50000)%256;//重装初值
    num++;  //计数变量加 1
    if(num = = 20)//如果计数变量到了 20 次,说明 1s 时间到
    {
      num = 0;//把计数变量清 0 重新再计下一秒
      sj--;  //时间变量减 1
      if(sj = = 0)       //如果时间已经到了 0,说明 60s 到
      {
        TR0 = 0;  //关定时器 0
        FMQ = 0;  //蜂鸣器响
      }
    }
}
```

2. 程序执行过程

单片机上电或执行复位操作后，程序回到主函数开始执行。执行主函数前，根据相关语句进行头文件、数据符号、控制设置定义。

程序执行主函数第一条，设置定时器的选用和工作方式，本程序选择定时器 0 工作在方式 1。第二条、第三条指令根据定时器一次定时时间确定初值，本程序要求每隔 50ms 定时器中断一次，因此初值应为（65536-50000），其中高 8 位送 TH0，低 8 位送 TL0。第四条指令打开中断总允许。第五条指令打开定时器 0 的中断分允许。第六条指令启动定时器 0 并开始计时。这六条指令执行完后，就完成了本程序的初始化过程。

进入 while（1）大循环后，执行两条指令。第一条指令是先将时间变量的十位取出来，然后根据数值取段选码，送 P0 口显示。第二条指令再将时间变量的个位取出来，然后根据数值取段选码，送 P2 口显示。由于只有这两条显示指令，则程序将不断循环重复执行这两条指令。

一旦中断时间到（50ms），程序自动转入中断处理函数。“void timer0（ ） interrupt 1”的含义是：定时器 0 中断源 1。进入中断处理函数后，定时器内容由于发生中断已经清零，若还需定时 50ms，则需要重新赋初值。第三条指令将计数变量加 1，第四条是 if 语句，判断计数变量是否满 20，如果没有到 20，说明还没有到 1s，程序直接跳出本中断函数，返回主函数；如果到了 20，说明 1s（20×50ms）时间到，则进入 if 语句的循环体执行程序。进入 if 语句的循环体后，先将计时变量清零，以便为下一秒计时做好准备，然后将时间变量减 1，实现倒计时的功能。时间变量减 1 后，还要判断 60s 倒计时是否完成，于是又用到了一个 if 语句，来判断时间变量 sj 是否等于 0。若不等于 0，说明定时时间没有到，则退出当前循环体，跳出中断函数，返回主函数；若等于 0，说明 60s 倒计时时间到，则进入这个 if 语句的循环体执行程序。进入循环体后，先关闭定时器，再将发光二极管点亮。

程序返回主函数后，由于定时器已经关闭，不再有中断发生，只是循环执行主函数 while（1）中的两条指令。从程序分析可以得到本程序的显示现象是：开机显示 59，然后每隔 1s，时间减 1，只到减到 0，蜂鸣器响，时间不再变化停止在 0。

（三）相关指令学习

1. 中断服务程序的写法

C51 的中断函数格式如下：

```
void 函数名( )interrupt 中断号 using 工作组
{
    中断服务程序内容
}
```

中断函数不能返回任何值，所以最前面用 void；后面紧跟函数名，可以随意命名，但不要与 C 语言中的关键字相同；中断函数不带任何参数，所以函数名后面的小括号内为空；中断号是指单片机中几个中断源的序号。这个序号是编译器识别不同中断源的唯一符号，因此在中断服务程序时务必要写正确；最后的“using 工作组”是指这个中断函数使用单片机内存中 4 组工作寄存器中的哪一组。C51 编译器在编译程序代码时会自动分配工作组，因此最后这句话我们通常省略不写。一个简单的中断服务程序写法如下：

```
void T1_time( )interrupt3
  {
       TH0=(65536-50000)/256;
       TL0=(65536-50000)%256;
  }
```

上面这个代码是一个定时器 1 的中断服务程序，定时器 1 的中断序号是 3，因此写成 interrupt3，服务程序的内容是给两个初值寄存器装入新值。

2. C 语言中的算术运算符

在 C 语言中有两个单目和五个双目运算符。符号功能：

+ 单目正——运算对象只有 1 个，表示取正；

- 单目负——运算对象只有 1 个，表示取负；

* 乘法——运算对象有 2 个，表示两数相乘；

/ 除法——运算对象有 2 个，表示两数相除，结果取整数；

% 取模——运算对象有 2 个，表示两数相除，结果取余数；

+ 加法——运算对象有 2 个，表示两数相加；

- 减法——运算对象有 2 个，表示两数相减。

下面是一些赋值语句的例子，在赋值运算符右侧的表达式中就使用了上面的算术运算符。

```
Area=Height * Width;    //面积 Area 等于高 Height 乘以宽 Width
num=num1+num2/num3-num4;
```

运算符也有运算顺序问题，先算乘除再算加减。单目正和单目负最先运算。

取模运算符（%）用于计算两个整数相除所得的余数。例如：

```
a=7%4;
```

最终 a 的结果是 3，因为 7%4 的商取整数是 1，余数是 3。若为

```
b=7/4;
```

则 b 的值就应该是 1。

在本项目中，显示数据的十位通过将时间变量 sj 除 10 取模得到，个位通过将时间变量 sj 除 10 取余得到。程序一开始，sj=59，则有

```
shi=sj/10=59/10=5
ge=sj%10=50%10=9
```

因此，开机显示 59。如果我们要将一个 3 位数 num 分离到 3 个数码管进行显示，同样可以用下面的方法实现：

```
bai=num/100;
shi=num%100/10;
ge=num%10;
```

三、程序的仿真与调试

1）运行 Keil 软件，将本项目中的 C 语言程序以文件名 MAIN6.c 保存，添加到工程文件并编译。编译通过后进行软件仿真调试。

2）进行软件仿真时，可以观察 P0、P2 口及定时器的内容，以确定程序设计是否合理。

3）进行 Proteus 仿真，观察数码管倒计时。注意观察 60s 时间到，蜂鸣器控制引脚 P1.1 的电平变化。60s 倒计时 Proteus 仿真如图 6-3 所示。

4）程序的下载及运行。利用 ISP 下载线或者串口将编译完成的文件下载到所用的芯片

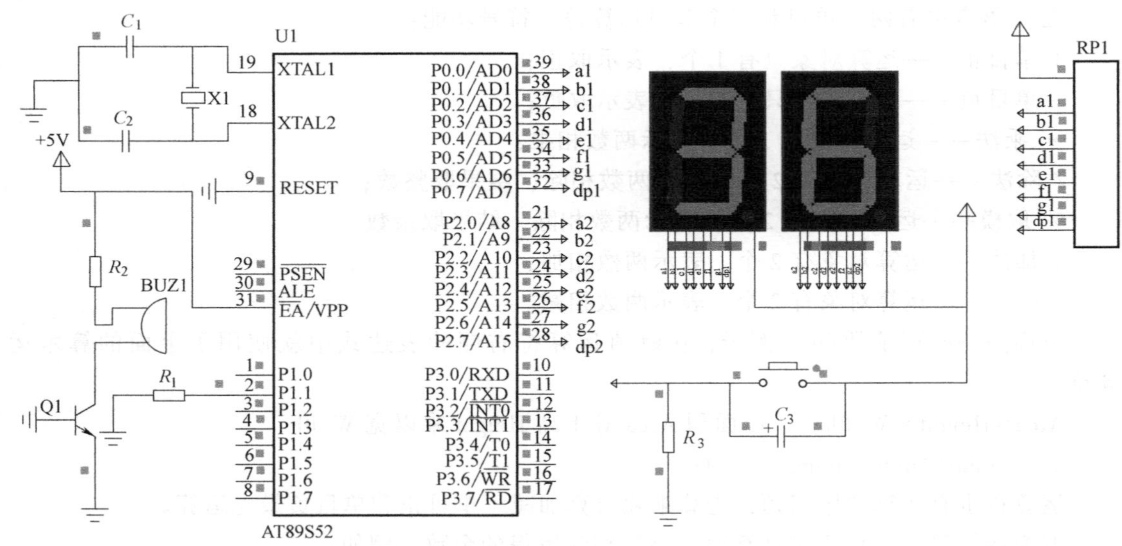

图 6-3　60s 倒计时 Proteus 仿真

中，运行程序，观察数码管的数字显示以及发光二极管的亮灭情况。

知识拓展

单片机的中断系统

中断是计算机中一个很重要的技术，主要用于即时处理来自外围设备的随机信号。它既和硬件有关，也和软件有关，正是因为有了中断技术才使计算机的工作更加灵活、效率更高。

一、中断系统

1. 中断

先从一个生活中的实例来说明什么是中断：当我们在家看书的时候，电话铃响了，这时就暂停看书去接电话，接完电话后，又从刚才被打断的地方继续往下看。在看书时被打断的这一过程称为中断，而引起中断的电话铃声，即中断源。

如果不想理会某个中断源，就可以将它禁止，不允许它引起中断，这称为中断禁止，比如将电话线拔掉，以拒绝接听电话。只有将这个中断源打开，即中断允许，它所引起的中断才会被处理，例如将电话线连接好。处理中断的过程会不会造成原来工作的混乱呢？答案是否定的。因为每一次暂停看书，转而去处理中断时，都会记住中断的位置——在书上作标记，处理完中断后，会自然地从断开的地方继续往下看。生活中的中断流程图如图 6-4 所示。

单片机控制系统只有一个 CPU，却经常会面对多项任务如数据运算、信号检测、控制输出、通信及特殊情况处理等。同一时刻 CPU 只能做一种事情。为了能够兼顾各方面任务，

在CPU功能设计中采用了类似人们日常生活中的做法，中断当前工作去处理应急任务，然后返回再接着做原来的工作，这就是计算机中断概念的由来。单片机的中断流程图如图6-5所示。

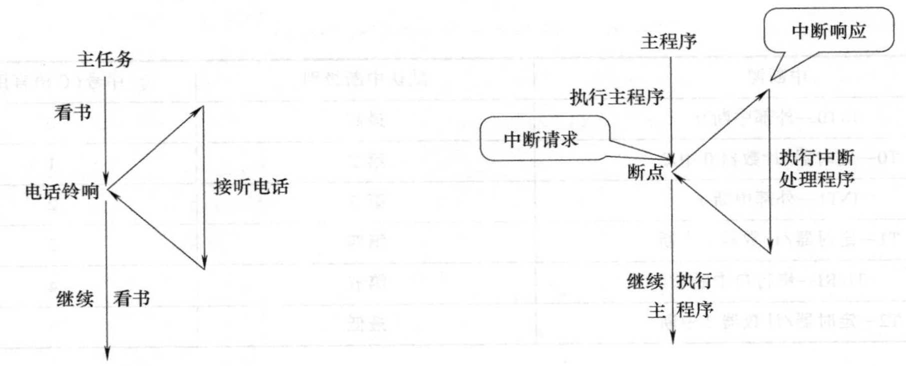

图6-4 生活中的中断流程图　　图6-5 单片机的中断流程图

中断的开启、关闭、设置启用哪一个中断等都是由单片机内部的特殊功能寄存器——中断允许寄存器（IE）来决定的。

2. 中断源

引发中断的事件称为中断源。中断源向CPU提出中断请求，CPU暂时中断原来事物A，转去处理事件B，对事件B处理完毕后，再回到原来被中断的地方（即断点），称为中断返回。实现上述中断功能的部分称为中断系统。当中断源发生在微处理器的内部时，称为内部中断。当中断源发生在微处理器外部时，称为外部中断。

52系列单片机一共有6个中断源，它们的符号、名称及产生的条件分别解释如下：

INT0——外部中断0，由P3.2端口线引入，低电平或下降沿有效。

INT1——外部中断1，由P3.3端口线引入，低电平或下降沿有效。

T0——定时器/计数器0中断，由T0计数器计满后引起。

T1——定时器/计数器1中断，由T1计数器计满后引起。

T2——定时器/计数器2中断，由T2计数器计满后引起。

TI/RI——串行口中断，串行端口完成一帧字符发送/接收后引起。

注意：以上6个中断源中T2是52系列单片机特有的。

3. 中断优先级

在中断系统中，中断优先级是一个比较关键的概念。生活中这样的情况有很多，比如你烧的水开了，同时你的电话也响了，接下来你只能处理一件事，那你该先处理哪件事呢？我们将会根据自己的实际情况来选择其中一件最重要的事来处理，这里，你认为最重要的事就是优先级最高的事情。单片机在执行程序时同样也会遇到类似的情况，即同一时刻发生了两个中断，只能按照事情的轻重缓急一一处理，这种给中断源排队的过程，称为中断优先级设置。在单片机内部有一个特殊功能寄存器——中断优先级寄存器（IP），通过对它进行设置，我们可以告诉单片机，当两个中断同时发生时，先执行哪个中断程序。若没有人为设置优先级寄存器，单片机会按照默认的一套优先级自动处理，先对优先级最高的中断源做出响应。

以上的6个中断源默认的中断优先级别见表6-2。

表6-2 52单片机默认中断优先级别

中断源	默认中断级别	序号(C语言用)
INT0—外部中断0	最高	0
T0—定时器/计数器0中断	第二	1
INT1—外部中断1	第三	2
T1—定时器/计数器1中断	第四	3
TI/RI—串行口中断	第五	4
T2—定时器/计数器2中断	最低	5

4. 中断嵌套

根据前面我们学习的中断优先级的概念，当有多个中断同时发生时，可以根据优先级别确定处理的顺序。在单片机的中断处理中，只允许两级中断的发生，即意味着单片机正在处理一个中断程序时，又有另外一个中断现象发生。若第一个中断源的优先级别低于第二个中断源的优先级别，则第一个正在处理的中断程序将会被停止，CPU转而去执行第二个中断处理程序。当第二个中断处理程序执行完后，再返回执行第一个中断处理程序，这就是中断嵌套。

中断嵌套的首要条件是中断初始化程序中应设置一条打开多个中断的指令，其次是要有优先权更高的中断源的中断请求存在，两者缺一不可。中断嵌套示意图如图6-6所示。

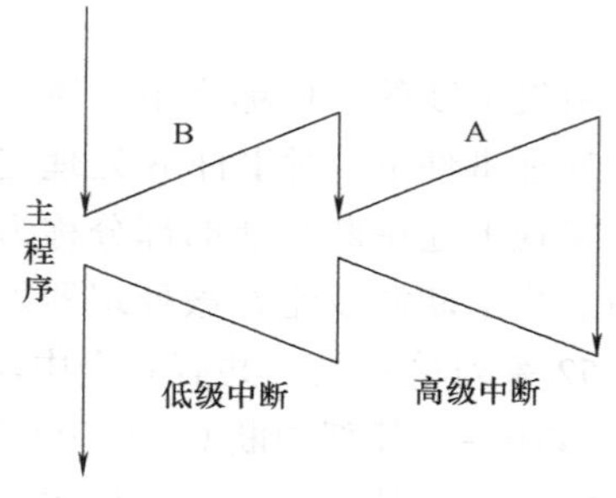

图6-6 中断嵌套示意图

二、中断系统相关寄存器的应用

1. 中断允许寄存器IE

中断允许寄存器用来设定各个中断源的打开和关闭，单元地址是A8H，位地址（由低到高）分别是A8H~AFH。该寄存器可以进行位寻址，即可以对该寄存器的每一个位进行单独操作。单片机复位或开机时，IE内容全部被清零，其位定义见表6-3。

表6-3 中断允许寄存器IE

位序号	D7	D6	D5	D4	D3	D2	D1	D0
位符号	EA	—	ET2	ES	ET1	EX1	ET0	EX0
位地址	AFH	—	ADH	ACH	ABH	AAH	A9H	A8H

EA：CPU全局中断允许控制位。若EA=1，则CPU打开中断总允许；若EA=0，则

CPU 关闭中断且屏蔽所有中断源。

D6：无效位。

ET2：定时器/计数器 T2 中断允许控制位。若 ET2=1，则打开 T2 中断；若 ET2=0，则关闭 T2 中断。

ES：串行口中断允许控制位。若 ES=1，则打开串行口中断；若 ES=0，则关闭串行口中断。

ET1：定时器/计数器 T1 中断允许控制位。若 ET1=1，则打开 T1 中断；若 ET1=0，则关闭 T1 中断。

EX1：外中断$\overline{\text{INT1}}$中断允许控制位。若 EX0=1，则打开$\overline{\text{INT1}}$中断；若 EX0=0，则关闭$\overline{\text{INT1}}$中断。

ET0：定时器/计数器 T0 中断允许控制位。若 ET0=1，则打开 T0 中断；若 ET0=0，则关闭 T0 中断。

EX0：外中断$\overline{\text{INT0}}$中断允许控制位。若 EX0=1，则打开$\overline{\text{INT0}}$中断；若 EX0=0，则关闭$\overline{\text{INT0}}$中断。

IE 寄存器的使用可以利用“IE=0xXX”或“位符号=0 或 1”语句设置。

2. 中断优先级寄存器 IP

中断优先级寄存器在特殊功能寄存器中，单元地址是 B8H，位地址（由低到高）分别是 B8H~BFH，用来设定各个中断源属于两级中断中的哪一级。该寄存器可以进行位寻址，即可以对该寄存器的每一个位进行单独操作。单片机复位或开机时，IP 内容全部被清零，各位定义见表 6-4。

表 6-4 中断优先级寄存器 IP

位序号	D7	D6	D5	D4	D3	D2	D1	D0
位符号	—	—	—	PS	PT1	PX1	PT0	PX0
位地址	BFH	BEH	BDH	BCH	BBH	BAH	B9H	B8H

D7~D5：无效位。

PS：串行口中断优先级控制位。若 PS=1，则串行口中断定义为高优先级；若 PS=0，则串行口中断定义为低优先级。

PT1：T1 中断优先级控制位。若 PT1=1，则定时器/计数器 1 中断定义为高优先级；若 PT1=0，则定时器/计数器 1 中断定义为低优先级。

PX1：$\overline{\text{INT1}}$中断优先级控制位。若 PX1=1，则$\overline{\text{INT1}}$为高优先级；若 PX0=0，则$\overline{\text{INT1}}$为低优先级。

PT0：T0 中断优先级控制位。若 PT0=1，则定时器/计数器 0 中断定义为高优先级；若 PT0=0，则定时器/计数器 0 中断定义为低优先级。

PX0：$\overline{\text{INT0}}$中断优先级控制位。若 PX0=1，则$\overline{\text{INT0}}$为高优先级；若 PX0=0，则$\overline{\text{INT0}}$为低优先级。

三、单片机的定时器中断

在单片机应用系统中，经常需要定时控制或对外部时间信号进行计数。定时器/计数器是 MCS-51 单片机的重要模块之一。51 系列单片机中有两个 16 位可编程的定时器/计数器，即定时器 T0 和定时器 T1。52 系列单片机内部多一个 T2 定时器/计数器。它们既有定时又有计数功能，通过设置与它们相关的特殊功能寄存器可以选择启用定时功能或计数功能。

注意：这个定时器系统是单片机内部一个独立的硬件部分，它与 CPU 和晶振通过内部某些控制线连接并相互作用，CPU 一旦设置开启定时功能后，定时器便在晶振的作用下自动开始计时，当定时器的计数器计满后，会产生中断，即向 CPU 发出中断请求。

定时器/计数器的实质是加 1 计数器（16 位），由高 8 位和低 8 位两个寄存器组成。TMOD 是定时器/计数器的工作方式寄存器，确定工作方式和功能。TCON 是控制寄存器，通过设置相关位的值，可以控制 T0、T1 的启动和停止。

1. 定时器/计数器工作方式寄存器 TMOD

定时器/计数器工作方式寄存器在特殊功能寄存器中，单元地址是 89H，不能位寻址，用来设定定时器/计数器的工作方式及功能选择。单片机复位时 TMOD 全部被清零，各位定义见表 6-5。

表 6-5　工作方式寄存器 TMOD

位序号	D7	D6	D5	D4	D3	D2	D1	D0
位符号	GATE	$C/\overline{T}$	M1	M0	GATE	$C/\overline{T}$	M1	M0

从寄存器的位格式中可以看出，它的低 4 位用于设置定时器/计数器 0，高 4 位用于设置定时器/计数器 1，对应 4 位的含义如下：

GATE——门控制位。GATE = 0，定时器/计数器启动与停止仅受 TCON 寄存器中 TRX（X = 0 或 1）的控制；GATE = 1，定时器/计数器启动与停止由 TCON 寄存器中 TRX（X = 0 或 1）和外部中断引脚（INT0 或 INT1）上的电平状态共同控制。

$C/\overline{T}$——定时器模式和计数器模式选择位。$C/\overline{T}$ = 0，定时工作方式；$C/\overline{T}$ = 1，计数工作方式。

M1M0——工作方式选择位。每个定时器/计数器都有 4 种工作方式，它们由 M1M0 设定，对应关系见表 6-6。

表 6-6　定时器/计数器的 4 种工作方式

M1	M0	工 作 方 式	M1	M0	工 作 方 式
0	0	方式 0，为 13 位定时器/计数器	1	0	方式 2，8 位初值重装的 8 位定时器/计数器
0	1	方式 1，为 16 位定时器/计数器	1	1	方式 3，仅适用于 T0，分成两个 8 位计数器，T1 停止计数

2. 定时器/计数器控制寄存器 TCON

定时器/计数器控制寄存器在特殊功能寄存器中，单元地址是 88H，位地址（由低位到

高位）分别是 88H~8FH，该寄存器可进行位寻址。TCON 寄存器用来控制定时器的启动、停止，标志着定时器溢出和中断情况。单片机复位时 TCON 全部被清零，其各位定义见表 6-7。其中，TF1、TR1、TF0 和 TR0 位用于定时器/计数器；IE1、IT1、IE0 和 IT0 位用于外部中断。本项目中只学习与定时器/计数器相关的高 4 位。

表 6-7　定时器/计数器控制寄存器 TCON

位序号	D7	D6	D5	D4	D3	D2	D1	D0
位符号	TF1	TR1	TF0	TR0	IE1	IT1	IE0	IT0
位地址	8FH	8EH	8DH	8CH	8BH	8AH	89H	88H

TF1——定时器 1 溢出标志位：当定时器 1 计数溢出时，又硬件使 TF 置 1，并且申请中断。进入中断服务程序后，由硬件自动清零。但需注意使用查询方式时，此位作状态位供查询，查询有效后应以软件方法及时将该位清零。

TR1——定时器 1 运行控制位：由软件清零关闭定时器 1。当 GATE=1，且 INT1 为高电平时，TR1 置 1 启动定时器 1；当 GATE=0，TR0 置 1 启动定时器 0。

TF0——定时器 0 溢出标志位，其功能及操作方法同 TF1。

TR0——定时器 0 运行控制位，其功能及操作方法同 TR1。

3. 定时器/计数器的四种工作方式

（1）定时工作方式 0　方式 0 是 13 位计数结构的工作方式，其计数器由 TH0 全部 8 位和 TL0 的低 5 位构成。TL0 的高 3 位弃之不用。其定时时间公式为（2^{13}-计数初值）×机器周期。所以若晶振频率为 12MHz，则最小定时时间为 1μs，最大定时时间为 8192μs，约为 8ms。

（2）定时工作方式 1　方式 1 是 16 位计数结构的工作方式，其计数器由 TH0 全部 8 位和 TL0 全部 8 位组成。其定时时间公式为（2^{16}-计数初值）×机器周期。所以若晶振频率为 12MHz，则最小定时时间为 1μs，最大定时时间为 65536μs，约为 65.5ms。

（3）定时工作方式 2　方式 2 为自动重新加载工作方式。在这种工作方式下，把 16 位计数器分为两部分，即以 TLX（X=0 或 1）作计数器，以 THX（X=0 或 1）作预置寄存器。初始化时把初始值分别装入 TLX 和 THX 中。所以方式 2 是 8 位计数结构，若晶振频率为 12MHz，则最大定时时间为 255μs，约为 0.25ms。

（4）定时工作方式 3　在工作方式 3 下，定时器/计数器 0 被拆成两个独立的 8 位计数器 TH0 和 TL0。其中 TL0 既可以计数，又可以定时，而 TH0 只能作为简单的定时器使用。方式 3 的定时器长度也是 8 位，所以其最大定时时间同方式 2。

4. 定时器初值的计算

定时器一旦启动，它便在原来的数值上开始加 1 计数，若在程序开始时，没有设置 TH0 和 TL0，单片机复位后它们的默认值都是 0。假设时钟频率是 12MHz，12 个晶振周期为一个机器周期，此时机器周期就是 1μs，计满 TH0 和 TL0 就需要（2^n-1）个数（其中 n 的值取决于选择哪一种工作方式，在 8、13、16 之间变化），再来一个脉冲计数器就溢出，随即向 CPU 申请中断。如果我们要定时一定的时间（比如 50μs），只要先给 TH0 和 TL0 赋一个初值，在这个基础上计满 50 个数后，定时器溢出，此时刚好是 50μs 中断一次。

由此可以看出，直接采用单片机定时器可实现的最大时间间隔为 65536μs（晶振频率为 12MHz）。如果要实现更长时间的定时，可以采用定时器加软件计数的方法。

［例题］ 以定时器加软件计数的方法实现 1s 的定时（晶振频率为 12MHz）。

思路：由于本次定时时间较长，我们选择定时器 0 工作在方式 1，能达到的最长定时时间是 65536μs。若一次定时 50ms，然后在定时中断服务程序中设置一个变量 num 对定时中断的次数进行统计，达到 20 次即为 1s，即

$$50\text{ms/次}\times 20\text{ 次} = 1\text{s}$$

1）定时器 0 的计数初值的计算（50ms/次）。

计算公式：$X=(2^{16}-50000)\times 1\mu s=15536\mu s$

结果：计数初值 X=3CB0H，即 TH0=3CH，TL0=B0H

2）TMOD 寄存器初始化。

```
TMOD=0x01;//定时器 0 工作在方式 1
```

3）定时中断中进行溢出次数统计。

计数变量 num=20 时达到 1s。

4）编写中断处理程序。

```
void timer0( )interrupt 1
{
    TH0=(65536-50000)/256;
    TL0=(65536-50000)%256;//重装初值
    num++;   //计数变量加 1
    if(num==20)//如果计数变量到了 20 次,说明 1s 时间到
    {
        num=0;//把计数变量清零重新再计下一秒
        要处理的事情
    }
}
```

项目测试

一、填空题：

1. 若只需要开串行口中断，则 IE 的值应设置为＿＿＿＿＿＿，若需要将外部中断 0 设置为下降沿触发，则执行的语句为＿＿＿＿＿＿。

2. 在 C 语言设计单片机程序时，外部中断 1 的中断入口序号是＿＿＿。

3. 编写串口中断程序时，要在函数说明部分后写＿＿＿＿＿＿。

4. 编写定时器 0 中断程序时，要在函数说明部分后写＿＿＿＿＿＿。

5. 在 C 语言中进行算术运算时，若既有加减运算，又有乘除运算，则应先进行＿＿＿＿＿运算，再进行＿＿＿＿＿运算。

二、选择题：

1. 60s 倒计时控制程序中，初始值应该显示（　　）

A. 59　　B. 60　　C. 00

2. 要使 MCS-51 型单片机能够响应定时器 T1 中断、串行接口中断，它的中断允许寄存器 IE 的内容应该是（　　）

A. 0x98　　B. 0x84　　C. 0x42　　D. 0x22

3. MCS-51 单片机定时器工作方式 0 是指（　　）工作方式

A. 8 位　　B. 8 位自动重装　　C. 13 位　　D. 16 位

4. 如果将中断优先级寄存器 IP 中，将 IP 设置为 0x0a，则优先级最高的是（　　）

A. 外部中断 1　　B. 外部中断 0　　C. 定时/计数器 1　　D. 定时/计数器 0

三、简答题：

1. MCS-51 单片机有几个中断源？各中断标志是如何产生的？又是如何撤销的？

2. 简述 MCS-51 单片机的中断过程。

3. 将本项目利用定时器 T1 工作在方式 0，每隔 5ms 中断一次，重新编写程序。

项目评估

项目评估表

评价项目	评价内容	配分	评价标准	得分
电路分析	电路基础知识	10	理解电路中各元器件功能	
电路搭建	元器件整形、插装	5	按照安装元器件要求正确整形、安装	
	连接导线	5	导线简洁、清晰	
程序编制、调试、运行	指令学习	30	能正确理解单片机中断的意义　10 分	
			理解中断程序实际意义　10 分	
			能根据要求编写不同定时时间的程序　10 分	
	程序分析、设计	20	能正确分析程序功能　10 分	
			能根据要求设计功能相似程序　10 分	
	程序调试与运行	20	程序输入正确　5 分	
			程序编译仿真正确　5 分	
			能修改程序并分析　10 分	
安全文明生产	使用设备和工具	5	正确使用设备和工具	
团结协作意识	集体意识	5	各成员分工协作,积极参与	

项目七

24h时钟自动运行控制

项目目标

通过单片机控制8位七段数码管（简称数码管）模拟24h自动运行时钟的功能，掌握MCS-51型单片机控制多个数码管显示的方法，学习数码管动态控制的电路结构及程序编写。

项目任务

应用AT89S52芯片、8个LED数码管、2个按键，实现单片机控制24h时钟自动运行。利用2个按键，进行时钟起动和停止控制。

项目分析

时钟是我们工作、生活中不可或缺的：用品，如图7-1。在学习了60s倒计时秒表之后，我们可以利用单片机和多个数码管来制作一个时钟。既然是时钟，必须有“时：分：秒”的显示，我们选用8个LED数码管来做显示部分。为了实现简单控制，我们设置两个按键来进行起动、停止的控制。

图7-1 常见时钟

项目实施

一、硬件电路设计

在单片机应用中，首先考虑硬件电路的设计、控制程序的编写和实际的电路结构是相互对应的。

（一）硬件电路设计思路

在项目三中我们学习了数码管的静态显示方式，若要利用单片机同时控制8个数码管，采用一个输入/输出口连接一个数码管的方式是无法实现的。因此本项目我们采用动态控制方式，利用P2口和P3口作输出口，与8位数码管进行有序连接，进行时钟显示。

（二）硬件电路设计相关知识

1. 数码管的动态显示原理

动态显示是目前单片机控制数码管显示中较为常用的一种显示方式。动态驱动是将所有数码管的 8 个显示字段“a、b、c、d、e、f、g、dp”的同名端连在一起，另外为每个数码管的公共端增加位选控制电路，位选通与否由各自独立的 I/O 口线控制。当单片机输出字形码时，所有数码管都接收到相同的字形码，但究竟哪个数码管会显示出字形，取决于单片机对 COM 端电路的控制。所以，我们只要将需要显示的数码管的位选控制打开，该位就显示字形，没有选通的数码管就不会亮。通过分时轮流控制各个数码管的 COM 端，就使各个数码管轮流受控显示，这就是动态驱动。

在轮流显示过程中，每位数码管的点亮时间为 1～2ms，由于人的视觉暂留现象及发光二极管的余晖效应，尽管实际上各位数码管并非同时点亮，但只要扫描的速度足够快，给人的印象就是一组稳定的显示数据，不会有闪烁感。动态显示的效果和静态显示是一样的，能够节省大量的 I/O 端口，而且功耗更低。

2. 动态显示数码管与单片机的连接

采用动态显示时，可用单片机的一个端口与数码管的段选线相连，再用另一个端口与其位选线相连，最多可显示 8 位，连接电路如图 7-2 所示。在图 7-2 中，8 位数码管的段选线在内部并联后与 P2 口相连，位选线各自独立与 P3 口相连。

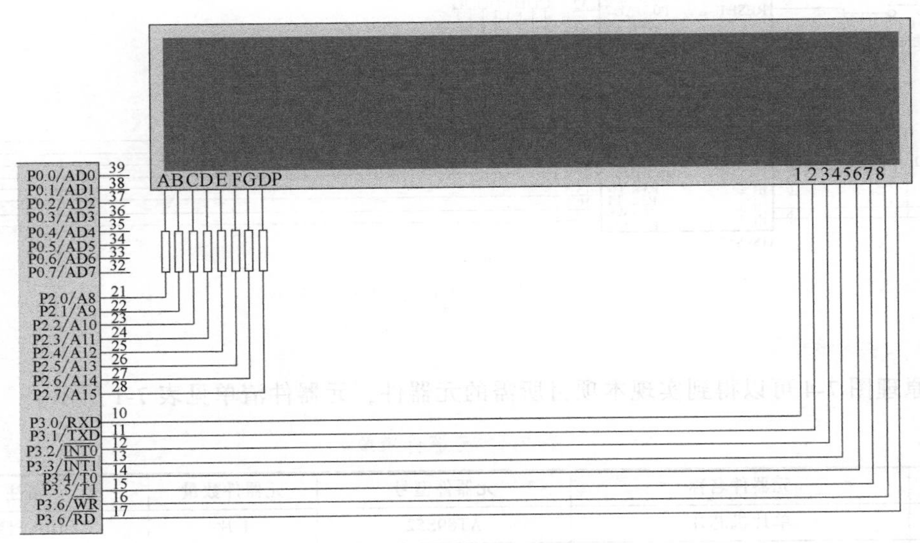

图 7-2　8 位数码管与单片机的连接电路

采用动态显示方式比较节省 I/O 端口，但硬件电路较静态显示更为复杂，亮度也稍弱，且当显示位数较多时 CPU 要依次扫描，会占用 CPU 较多的时间。

3. 控制按键的设计

本项目根据要求，要设置两个独立按键，分别控制时钟的运行和停止。在单片机 P1.6、P1.7 引脚分别连接两个独立按键，电路如图 7-3 所示。

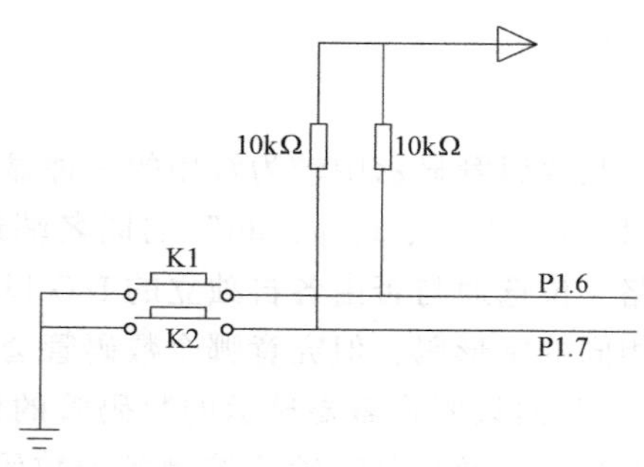

图 7-3　两个独立按键连接电路

（三）电路原理图

本设计选用 AT89S52 单片机芯片，使用片内程序存储器，因此$\overline{EA}$/VPP 引脚接高电平。综合以上设计，得到如图 7-4 所示的单片机控制 24h 时钟电路原理图。

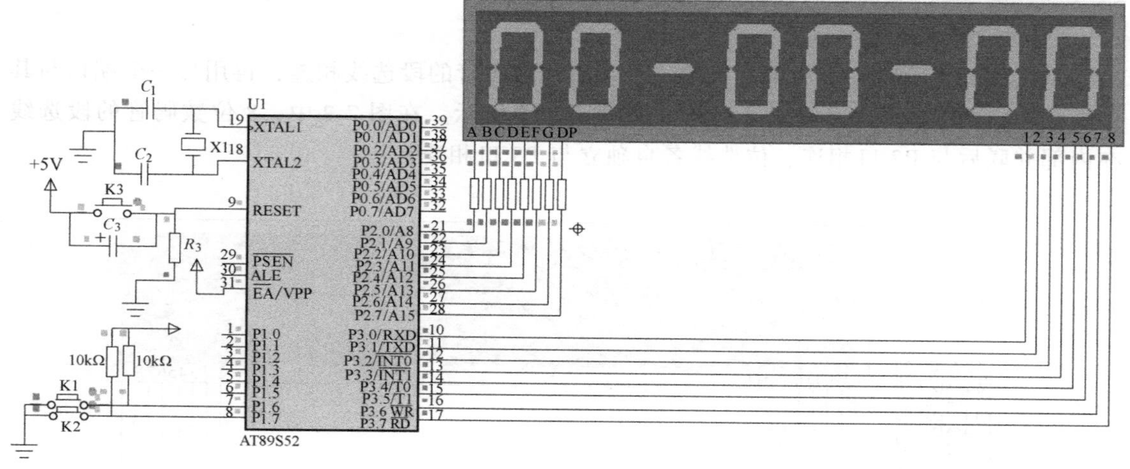

图 7-4　单片机控制 24h 时钟电路原理图

（四）材料表

从原理图 7-4 可以得到实现本项目所需的元器件，元器件清单见表 7-1 所示。

表 7-1　元器件清单

序号	元器件名称	元器件型号	元器件数量	备注
1	单片机芯片	AT89S52	1 片	DIP 封装
2	8 位七段数码管显示器（蓝色）	7SEG-MPX-CC-BLUE	1 只	共阳极
3	晶振	12MHz	1 只	
4	电容	30pF	2 只	瓷片电容
		22μF	1 只	电解电容
5	电阻	200Ω	8 只	碳膜电阻
		10kΩ	3 只	碳膜电阻
6	按键		3 只	无自锁
7	40 脚 IC 座		1 片	安装 AT89S52 芯片

二、控制程序编写：

（一）绘制程序流程图

本项目编程使用了单片机的中断，中断函数仅仅负责计数 1s，比较简单。主函数采用循环程序结构，流程图如图 7-5 所示。

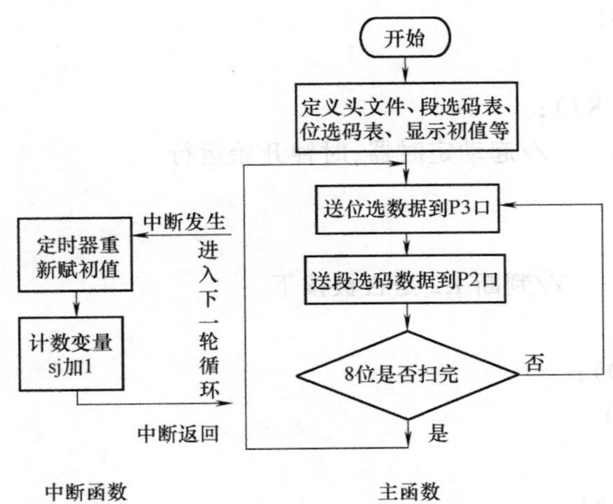

图 7-5　程序流程图

（二）编写 C 语言程序

1. 自动运行时钟参考程序

```
#include<reg52.h>        //包含单片机 52 头文件
#define uchar unsigned char //定义 8 位无符号字符型变量
#define uint unsigned int //定义 16 位无符号整型变量
uchar xian[]={0,0,16,0,0,16,0,0};  //定义 8 位数码管显示初值
uchar code duan[]={0xc0,0xf9,0xa4, 0xb0,0x99,0x92,0x82, 0xf8,0x80,
                  0x90, 0xbf,0xff};//定义 0~9,-,全灭段选码
uchar code wei[]={0x01,0x02,0x04,0x08,0x10,0x20,0x40,0x80};//定义 8 个数码管
的位选码
uchar sj;                  //定义计数 1s 的变量 sj
sbit K1=P1^6;
sbit K2=P1^7
void delay(uint t)  //延时子函数,用于数码管延时
{
    uint i;
    for(i=0;i<t;i++);
}
void anjian( )  //按键扫描子函数,用于启动、停止定时器
```

```
{
    if(K1==0)        //判断 K1 是否被按下
    {
      delay(1000);
      if(K1==0)
      {
        while(! K1);
        TR0=1;       //起动定时器,时钟开始运行
      }
    }
    if(K2==0)        //判断 K2 是否被按下
    {
      delay(1000);
      if(k2==0)
      {
        while(! k1);
        TR0=0;       //关闭定时器,时钟停止运行
      }
    }
}
void xs()             //数码管显示
{
    uchar i;
    for(i=0;i<8;i++)
    {
      P3=wei[i];
      P2=duan[xian[i]];
      delay(500);
      P2=0xff;       //数码管消影
    }
}
void shijian()        //时间判断子函数
{
    if(sj==20)         //中断 20 次,1s 时间到
    {
      xian[7]++;  //秒个位加 1
      if(xian[7]==10)//秒个位等于 10
```

```
        {
          xian[6]++;  //秒十位加 1
          xian[7]=0;  //秒个位清零
        }
        if(xian[6]==6)  //秒十位等于 6
        {
          xian[4]++;  //分个位加 1
          xian[6]=0;     //秒十位清零
        }
        if(xian[4]==10)//分个位等于 10
        {
          xian[3]++;  //分十位加 1
          xian[4]=0;  //分个位清零
        }
        if(xian[3]==6)  //分十位等于 6
        {
          xian[3]=0;  //分十位清零
          xian[1]++;  //时个位加 1
        }
        if(xian[1]==10)  //时个位等于 10
        {
          xian[0]++;  //时十位加 1
          xian[1]=0;  //时个位清零
        }
        if(xian[0]==2&&xian[1]==4)  //时的十位等于 2,个位等于 4,即 24h 到
        {
          xian[0]=xian[1]=xian[3]=xian[4]=xian[6]=xian[7]=0;  //时、分、秒全清零
        }
        sj=0;  //秒计时变量 sj 清零,为下一秒计时准备
      }
    }
main()
  {
    TMOD=0x01;  //定时器工作在定时方式一
    TH0=(65536-50000)/256;
    TL0=(65536-50000)%256;  //定时器初值设置,每 50000μs 中断一次
    EA=1;        //打开中断总允许
    ET0=1;       //打开定时器 1 中断允许
```

```
        while(1)   //大循环
        {
            anjian();
            shijian();
            xs();
        }
}
void time() interrupt 1
{
        TH0=(65536-50000)/256;
        TL0=(65536-50000)%256;   //重新给定时器赋初值
        sj++;    //秒计时变量加 1
}
```

2. 程序执行过程

单片机上电或执行复位操作后，自主函数开始执行程序。在执行主函数前，先进行相关初始化：包含<reg52. h>头文件，定义 8 位无符号字符型、16 位无符号整型，定义 P1. 6 作为按键 K1 的控制端，定义 P1. 7 作为按键 K2 的控制端，定义 0~9、-、全灭段选码数组，定义位选码数组。

进入主函数后，第一条指令设置定时/计数器 1 为定时器，工作在方式 1；第二、三条指令给定时器赋初值，设置为每隔 50000μs（50ms）中断一次；第四～六条指令是将中断总允许、定时器 1 的中断允许打开。定时器是否工作、时钟是否运行，取决于按键 K1 的状态。

进入 while 大循环，首先执行 anjian（ ）子函数。先判断 K1 是否按下。若有，进入下面的函数。延时消抖后，再次判断 K1 的状态 L；若还是闭合的，则等待按键释放后，TR0=1，起动定时器，时钟开始运行。然后判断 K2 是否按下。若有，进入下面的函数，延时消抖后，再次判断 K2 的状态；若还是闭合的，则等待按键释放后，TR0=0，关闭定时器，时钟停止运行。

执行完 anjian（ ）子函数，接着执行 shijian（）子函数。先判断 1s 计数变量 sj 是否等于 20。若不等，说明不到 1s，直接退出当前子函数；若等于 20，说明 1s 到，进入时间调整程序，即秒个位加 1，然后判断是否等于 10，若等于 10，则秒十位加 1，个位清零。再判断秒的十位是否等于 6，即判断是否到 60s，若等于 6，则分个位加 1。依次进行时、分、秒的判断，就是判断是否计满 10s、60s、10min、60min、10h、24h，若都满足，则最后回到初始状态。函数最后的“sj=0;”指令，是重新开始下一秒计时的依据。

执行完 shijian（）子函数，接着执行 xs（）子函数。首先利用位选码数组，将第一位的位选码送 P3 口。第二条指令是根据显示的数值取段选码，送 P2 口。第三条指令是延时，让显示数字停留一会，时间大概 1～2ms。第四条指令是将所有段选码字段进行消影，防止数码管因为余晖效应及人的视觉暂留出现重影。

消影的含义：在刚送完段选数据后，P2 口仍然保持着上次的段选数据，若不加“P2=

0xff”，再执行接下来的送段选码指令，原来保持在P2口的段选码会立即直接加在数码管上，接下来才是再次通过P2口送新的段选码。虽然这个过程非常短暂，但是在数码管高速显示状态下，我们仍然可以看见数码管上出现显示混乱的现象，加上“消影”操作后，再送新段选码到P2口前，数据全是高电平，哪个数码管都不会亮，因此这个消影操作很重要。

在以上程序执行过程中，只要定时时间50000μs到，就自动转向中断子函数执行。进入中断子函数，需要重新给定时器赋初值，然后给计时变量sj加1。执行完中断子函数后，返回断点，继续执行程序。

随着时间的进行，在程序执行的过程中，8位数码管就会呈现24h自动运行时钟的效果，从“00-00-00”开始，每隔1s加1，一直运行到“23-59-59”后，再过1s回到初始值，继续运行。

（三）相关指令学习

1. C语言中逻辑运算符及其优先次序

C语言中提供了三种逻辑运算符：&& 与运算、‖ 或运算、! 非运算。

与运算符&&、或运算符‖均为双目运算符，具有左结合性，非运算符！为单目运算符，具有右结合性。逻辑运算符和其他运算符优先级的关系可表示如下：

非（!）
算术运算符
关系运算符
&& 和 ‖
赋值运算符

可见，“&&”和“‖”低于关系运算符，“!”高于算术运算符。

逻辑运算的值也为“真”和“假”两种，用“1”和“0”来表示。其求值规则如下：

1）与运算&&：参与运算的两个量都为真时，结果才为真，否则为假。

当我们要将某个变量中的某些位清零时，可以使用与运算实现。例如：a = P0&&0x0f，即将P0口读到的数据的低4位保留，高4位清零。

2）或运算‖：参与运算的两个量只要有一个为真，结果就为真。两个量都为假时，结果为假。

当我们要将某个变量中的某些位置为1时，可以使用或运算实现。例如：a = a ‖ 0x01，即将变量a的最低位置为1。

3）非运算!：参与运算量为真时，结果为假；参与运算量为假时，结果为真。

例如：!（5>0）的结果为假。

虽然C语言程序编译在给出逻辑运算值时，以“1”代表“真”，“0”代表“假”。但反过来在判断一个量是为“真”还是为“假”时，以“0”代表“假”，以非“0”的数值作为“真”。

例如：由于5和3均为非“0”，因此5&&3的值为“真”，即为1。

又如：5‖0的值为“真”，即为1。

逻辑表达式的一般形式为：表达式 逻辑运算符 表达式。其中的表达式可以又是逻辑表达式，从而组成嵌套的情形。

例如：(a&&b) &&c

根据逻辑运算符的左结合性，上式也可写为：a&&b&&c。逻辑表达式的值是式中各种逻辑运算的最后结果，以“1”和“0”分别代表“真”和“假”。

2. C 语言中的关系运算符和表达式

在程序中经常需要比较两个量的大小关系，以决定程序下一步的工作。比较两个量的运算符称为关系运算符。在 C 语言中有以下关系运算符：

< 小于

<= 小于等于

> 大于

>= 大于等于

== 等于

！= 不等于

关系运算符都是双目运算符，其结合性均为左结合。关系运算符的优先级低于算术运算符，高于赋值运算符。在六个关系运算符中，<、<=、>、>=的优先级相同，高于==和！=，==和！=的优先级相同。

关系表达式的一般形式为

表达式 关系运算符 表达式

例如：a+b>c-d，x>3/2，-i-5＊j=k+1；都是合法的关系表达式。由于表达式也可以又是关系表达式，因此也允许出现嵌套的情况。

例如：a>(b>c)，a！=(c==d) 等。

关系表达式的值是“真”和“假”，用“1”和“0”表示。

例如：5>0 的值为“真”，即为 1。(a=3)>(b=5)，由于 3>5 不成立，故其值为“假”，即为 0。

三、程序仿真与调试

1）运行 Keil 软件并将源程序输入，以文件名 lx7.c 保存并添加到工程中，编译并检查是否有语法错误直至编译通过。

2）利用 Proteus 软件，绘制电路图，将编译生成的可执行文件 lx7.hex 装载到单片机芯片中，运行程序，按下按键 K1 或者 K2 进行操作，观察时钟运行的情况，Proteus 仿真 24h 时钟如图 7-6 所示。

3）利用 ISP 下载线或者串口将编译生成的 lx7.hex 文件写入单片机芯片，运行程序，观察时钟运行情况。

4）结合实际生活中时钟的运行，根据时钟运行误差，修改定时器的初值，修改源程序，重新保存文件、编译、写入芯片并运行，观察控制现象。

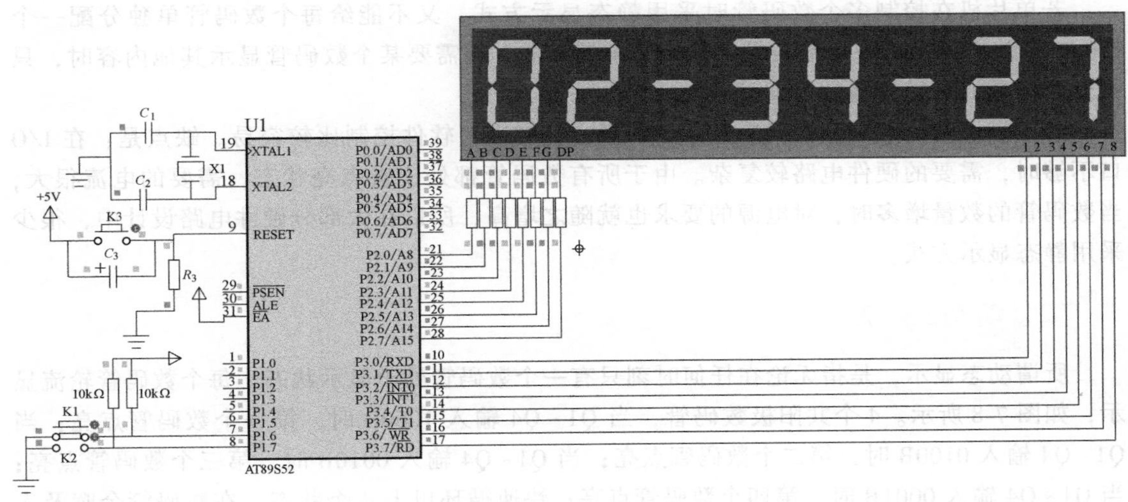

图 7-6　Proteus 软件仿真 24h 时钟

知识拓展

数码管的显示方式

通过项目三、项目四和本项目的学习，我们了解到数码管有两种显示方式：静态显示和动态显示。下面，我们对这两种显示方式进行系统的学习和分析。

一、静态显示方式

所谓静态显示方式，就是指无论控制多少位数码管，每一位数码管在显示某一字符时，相应的发光二极管恒定导通或恒定截止。这种显示方式的各位数码管相互独立，公共端恒定接地（共阴极）或接电源正极（共阳极）。每个数码管的 8 个字段分别与一个 8 位 I/O 口相连，I/O 口只要有段选码输出，相应字符即可显示出来，并保持不变，直到 I/O 口输出新的段选码，如图 7-7 所示。

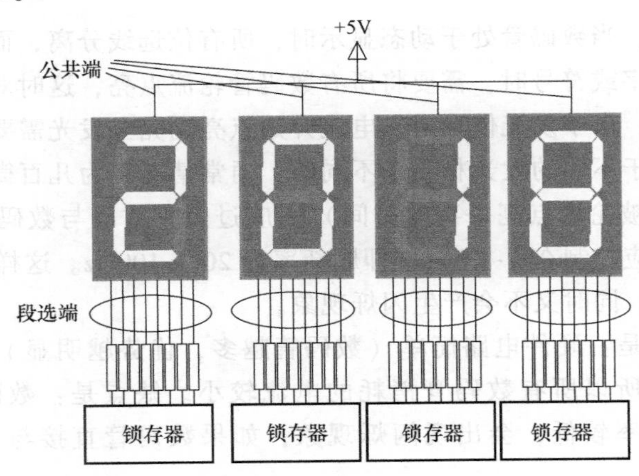

图 7-7　4 个共阳极数码管静态显示

若单片机在控制多个数码管时采用静态显示方式，又不能给每个数码管单独分配一个 I/O 口，就需要在每一个数码管上连接一个锁存器，当需要某个数码管显示其他内容时，只需修改与其对应锁存器的值即可。

静态显示的优点是：数码管显示无闪烁，亮度高，软件控制比较容易。缺点是：在 I/O 口不够时，需要的硬件电路较复杂。由于所有数码管都处于被点亮状态，需要的电流很大，当数码管的数量增多时，对电源的要求也就随之增高，所以在大部分硬件电路设计中，很少采用静态显示方式。

二、动态显示方式

所谓动态显示，是指无论在任何时刻只有一个数码管处于显示状态，每个数码管轮流显示，如图 7-8 所示。4 个共阳极数码管，当 Q1～Q4 输入 1000B 时，第一个数码管点亮；当 Q1～Q4 输入 0100B 时，第二个数码管点亮；当 Q1～Q4 输入 0010B 时，第三个数码管点亮；当 Q1～Q4 输入 0001B 时，第四个数码管点亮；快速循环以上 4 个状态，在数码管余晖及人眼视觉暂留的作用下，就呈现出图中的效果。

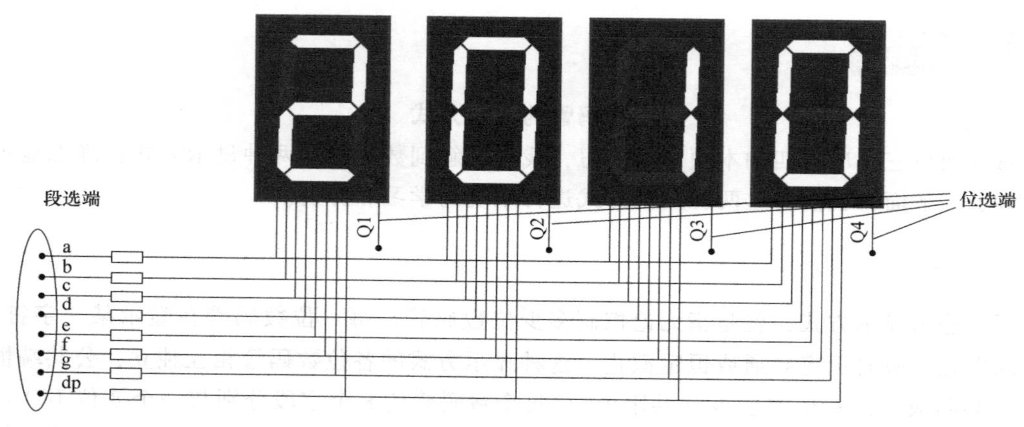

图 7-8　数码管动态显示

从图中可以看出，当数码管处于动态显示时，所有位选线分离，而每个数码管的各条段选线相连。当显示数字或符号时，需要将所有数码管轮流点亮，这时对每个数码管的点亮周期有一个严格的要求：由于发光体从通入电流开始点亮到完全发光需要一定的时间，叫作响应时间。这个时间对于不同的发光材质是不同的，通常情况下为几百微秒，所以数码管的刷新周期（所有数码管被轮流点亮一次的时间）不应过短，这也与数码管的数量有关。一般的数码管的刷新周期应控制在 5～10ms，即刷新率为 200～100Hz。这样既保证了数码管每一次刷新都被完全点亮，同时又不会产生闪烁现象。

动态显示的优点是：硬件电路简单（数码管越多，优势越明显），由于每个时刻只有一个数码管被点亮，所以所有数码管消耗的电流较小。缺点是：数码管的亮度不如静态显示时高；如果刷新率较低，会出现闪烁现象；如果数码管直接与单片机连接，程序较复杂。

在应用数码管进行显示时，首先需要考虑的问题就是驱动电流，与发光二极管相同，数

码管的发光字段也需要串联限流电阻。以共阳极数码管为例，串联的限流电阻阻值越大，电流越小，亮度越低；电阻阻值越小，电流越大，亮度越高。在使用限流电阻时需要在每一个字段上都串联限流电阻，而不要在公共端上串联电阻。如果只在公共端上串联一个限流电阻，则在显示不同的数字时，将会造成数码管亮度不同。

由于在动态显示时，每个数码管的段选线是对应连接在一起的，同时由于数码管不存在同时点亮状态，所以只需要在段选的引出端上串联限流电阻即可。

三、静态显示驱动电路

数码管的静态显示硬件电路较复杂，但与单片机之间的连接比较简单，例如，可以使用串行输入、并行输出芯片 74LS164 作为数码管的驱动，如图 7-9 所示。

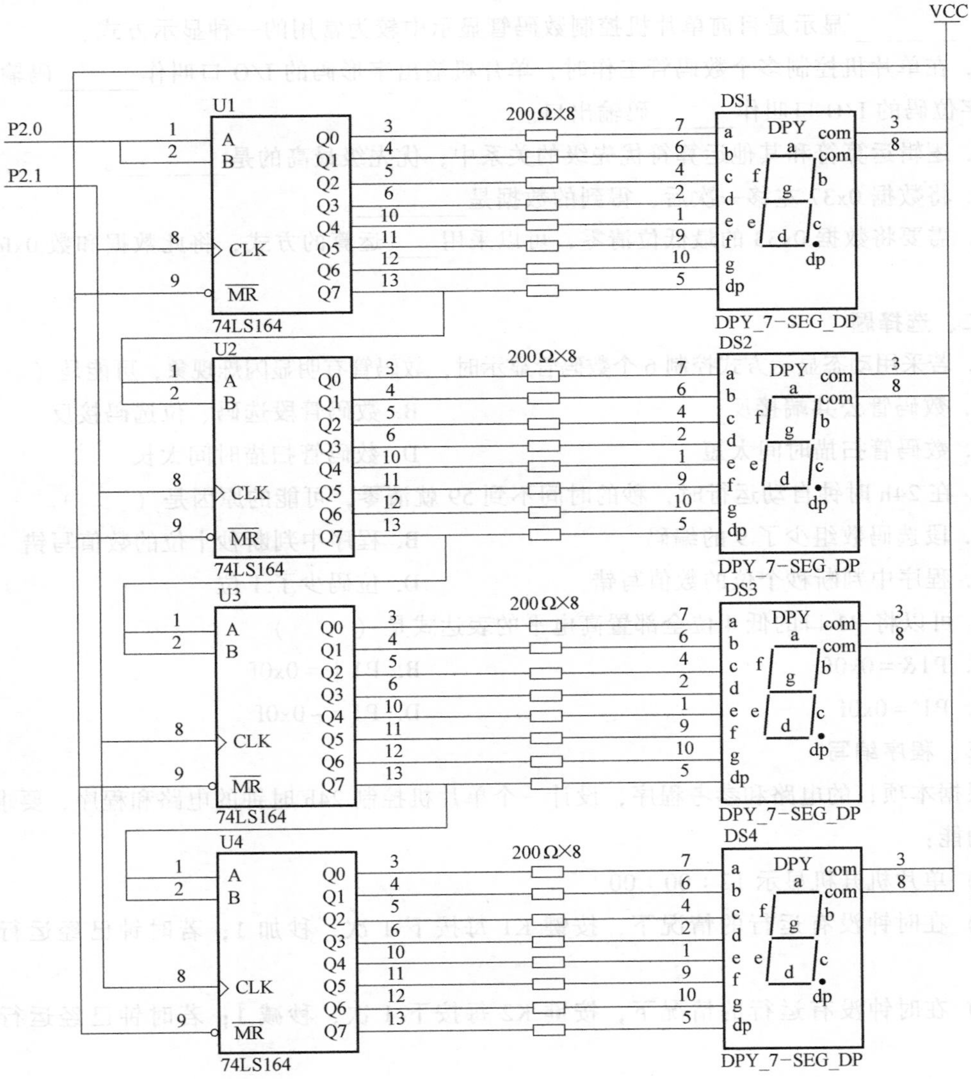

图 7-9 应用 74LS164 实现 4 位数码管静态显示驱动电路图

四、动态显示驱动电路

在动态显示时，如果将数码管直接与单片机进行连接，硬件电路比较简单，但优点并不明显。但是当我们也选择专门的数码管驱动芯片时，较静态显示而言，优势就明显了。目前常用的数码管驱动芯片有 8279、MAX7219、HD7279、CH451 等。这些芯片的主要特点是：数码管的显示全部采用动态扫描的方式，都可以连接 8 个数码管，控制方式都比较简单。

项目测试

一、填空题

1. ________显示是目前单片机控制数码管显示中较为常用的一种显示方式。

2. 在单片机控制多个数码管工作时，单片机输出字形码的 I/O 口叫作______码输出口，输出字位码的 I/O 口叫作______码输出口。

3. 逻辑运算符和其他运算符优先级的关系中，优先级最高的是________。

4. 将数据 0x37 左移一次后，得到的数据是________。

5. 需要将数据 0x33 的最低位清零，可以采用____运算的方式，将此数据和数 0xfe 运算即可。

二、选择题

1. 若采用动态显示方式控制 6 个数码管显示时，数码管有明显闪烁现象，可能是（　　）。

A. 数码管公共端接反　　B. 数码管段选码、位选码接反

C. 数码管扫描时间太短　　D. 数码管扫描时间太长

2. 在 24h 时钟自动运行时，秒的时间不到 59 就清零，可能的原因是（　　）。

A. 段选码数组少了 9 的编码　　B. 程序中判断秒十位的数值写错

C. 程序中判断秒个位的数值写错　　D. 位码少了 1 位

3. 可以将 P1 口的低 4 位全部置高电平的表达式是（　　）

A. P1&=0x0f　　B. P1|=0x0f

C. P1^=0x0f　　D. P1=~0x0f

三、程序编写

根据本项目的电路和参考程序，设计一个单片机控制 24h 时钟的电路和程序，要求实现以下功能：

1）单片机开机显示 12：00：00。

2）在时钟没有运行的情况下，按键 K1 每按下 1 次，秒加 1；若时钟已经运行，K1 无效。

3）在时钟没有运行的情况下，按键 K2 每按下 1 次，秒减 1；若时钟已经运行，K2 无效。

4）按下按键 K3，时钟起动运行。

5）按下按键 K4，时钟停止运行。

项目评估

项目评估表

评价项目	评价内容	配分	评价标准	得分
电路分析	电路基础知识	10	理解动态扫描电路中各元器件功能	
电路搭建	在实训台选择对应的模块及元器件	10	模块及元器件选择合适	
程序编制、调试、运行	指令学习	30	能正确理解单片机段选码、位选码的意义　10分	
			理解逻辑运算符、关系运算符的意义　10分	
			能根据要求编写不同定时时间的程序　10分	
	程序分析、设计	20	能正确分析程序功能　10分	
			能根据要求设计功能相似程序　10分	
	程序调试与运行	20	程序输入正确　5分	
			程序编译仿真正确　5分	
			能修改程序并分析　10分	
安全文明生产	使用设备和工具	5	正确使用设备和工具	
团结协作意识	集体意识	5	各成员分工协作，积极参与	

项目八

点阵显示屏的制作

项目目标

通过单片机控制 8 块 8×8 点阵显示屏显示 2 个汉字或者 4 个数字，学习点阵显示屏的单片机控制方法，学习汉字及数字取模软件的用法，进一步学习用 C 语言分析及编写控制程序的方法。

项目任务

应用 AT89S52 芯片和 8 块 8×8 点阵作为显示屏，依次显示汉字“职业”“学校”，显示数字 0~9。分别设计电路并编程实现。

项目分析

我们生活的城市，LED 显示屏广泛应用于公共汽车、商店、体育场馆、车站、学校、银行、高速公路等公共场所，担负着信息发布和广告宣传的任务。本项目利用单片机、8 块 8×8 点阵显示屏，设计一个点阵显示系统，实现汉字、数字的显示功能。

项目实施

一、硬件电路设计

（一）硬件电路设计思路

本设计通过 AT89S52 单片机芯片，连接 8 块 8×8 点阵，实现汉字、数字显示的功能。汉字选用 16×16 字模形式，所以 8 块 8×8 点阵，可以显示两个汉字，排列成两行四列的方式。要使得单片机的输出能够驱动点阵正常发光，需要加驱动芯片，通常可以选择 74LS373 系列锁存器。本项目选用 6 只锁存器芯片，分别控制行（2 行）和列（4 列）共 8 块点阵。

（二）硬件电路设计相关知识

1. 点阵硬件电路结构

点阵显示屏由点阵显示模块（简称点阵模块）构成，每块点阵模块由 64 只发光二极管组成，这 64 只发光二极管排列成 8 行 8 列的点阵，如图 8-1 所示。图中每一只小圆圈就是一只发光二极管，在同一行中的 8 只发光二极管的所有正极连接在一起由一个引脚引出，在

同一列中的 8 只发光二极管的所有负极连接在一起，由一个引脚引出，这样共有 8 个行引出脚和 8 个列引出脚，如图 8-2 所示，图中行用 h（hang，行）表示，列用 L（Lie，列）表示。

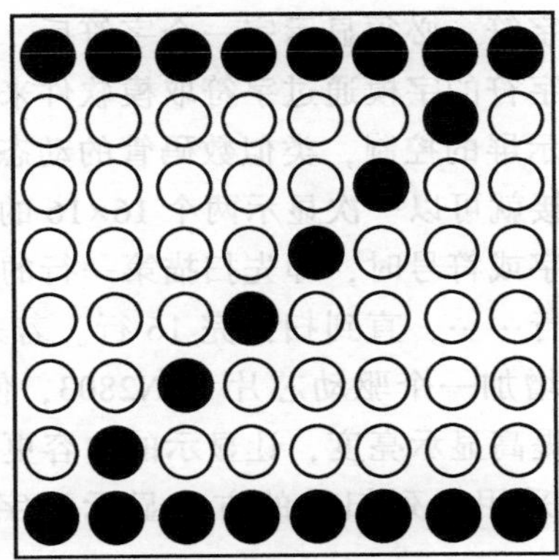

图 8-1　点阵模块的硬件结构

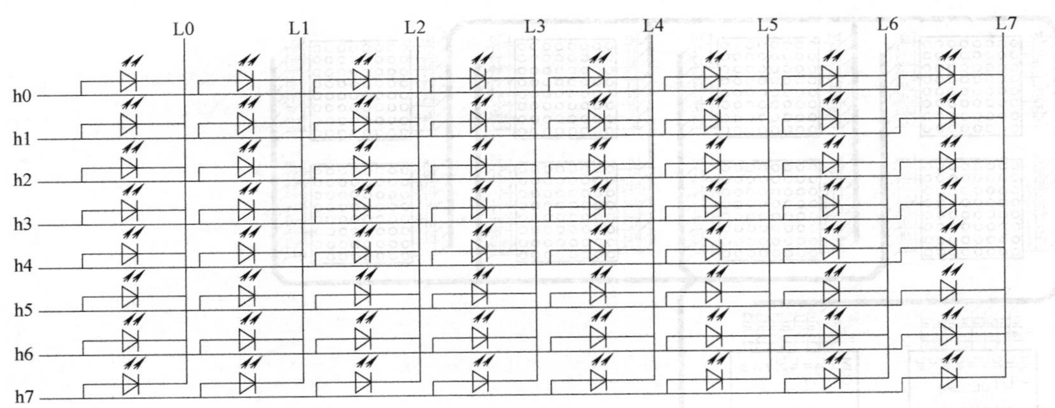

图 8-2　8×8 点阵模块引脚图

若要显示一个复杂的图形或字符，可以按照逐行或逐列显示的方式，即一行一行（或一列一列）将要显示的点阵信息显示出来。例如，显示一个字母“Z”，选择按行显示：先在点阵模块的行引出线 h0 上输出高电平，其余行引出线输出低电平，在列引出线上输出 8 个低电平信号即 00000000B（二进制数据），即输出数据 0x00，则第一行的 8 只发光二极管就全部点亮；延时一段时间后，改变为 h1 输出高电平，其余行引出线输出低电平，在列引出线上输出 10111111B（二进制数据），即输出数据 0xbf，则第二行上的 8 只发光二极管只有右边第二个点亮；同理，扫描其他行，在 8 行扫描完后，再从第一行重新扫描，就可以在 LED 显示屏上显示一个稳定的“Z”字母了。列引出线上输出的字形码为 0x00，0xbf，0xdf，0xef，0xf7，0xfd，0xfe，0x00。

按列显示的原理一样，只不过显示字模和加在列引出线上的电平不相同而已。同样是显示字母“Z”，按列显示则应先让 L0 列电平为低电平，其余列输出高电平，在行引出线上输出对应的数据，然后依次扫描各列。按列显示加在行引出线上的字形码为 0x81，0xc1，0xa1，0x91，0x89，0x85，0x83，0x81。

2. 8 块 8×8 点阵显示屏控制电路

通常一个汉字显示是 16×16（宽×高）字符，一个数字显示是 8×16 字符。点阵在显示 16×16 字符的时候，每个字符往往分成上半部分和下半部分两次扫描。由于某一个时刻只能显示一个字符，要想显示多个字符，必须显示完一个字符后，再显示下一个字符，因此必须建立一个字符的字模库。显示字符的字模通过字符取模软件来实现。

本项目中 8 块 8×8 点阵显示屏的控制，类似数码管的动态显示控制方式。将 8 块点阵模块按照 2 行 4 列的方式进行连接就可以一次显示两个 16×16 的汉字字符或者 4 个数字。当我们采用逐行扫描的方式显示汉字或符号时，即先扫描第一行的 4 个点阵模块的第一行发光二极管，然后扫描第二行、第三行……，直到扫描完 16 行。若采用行扫描的方式，需要在上下两行点阵模块的行引脚前各增加一个驱动芯片 ULN2803，使得单片机可以利用行扫描驱动 4 个或者更多的点阵，可以提高显示亮度，让显示的内容更清晰、美观，电路结构如图 8-3 所示。同样的道理，若我们采用逐列扫描的方式显示汉字或符号时，电路应做相应的调整。

本项目选择 6 个 74AC573 锁存器芯片，作为行和列的数据输入口使用。

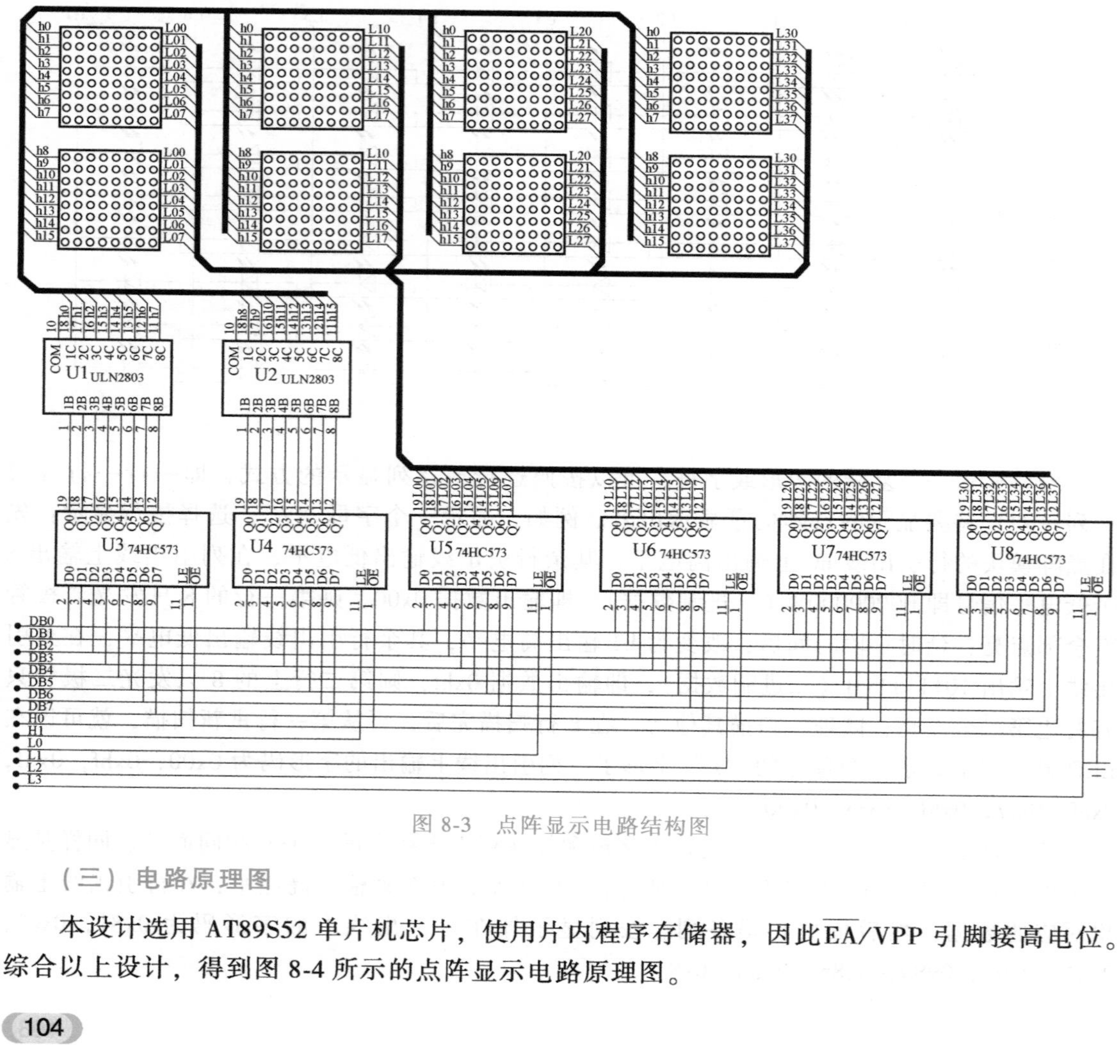

图 8-3　点阵显示电路结构图

（三）电路原理图

本设计选用 AT89S52 单片机芯片，使用片内程序存储器，因此 $\overline{EA}$/VPP 引脚接高电位。综合以上设计，得到图 8-4 所示的点阵显示电路原理图。

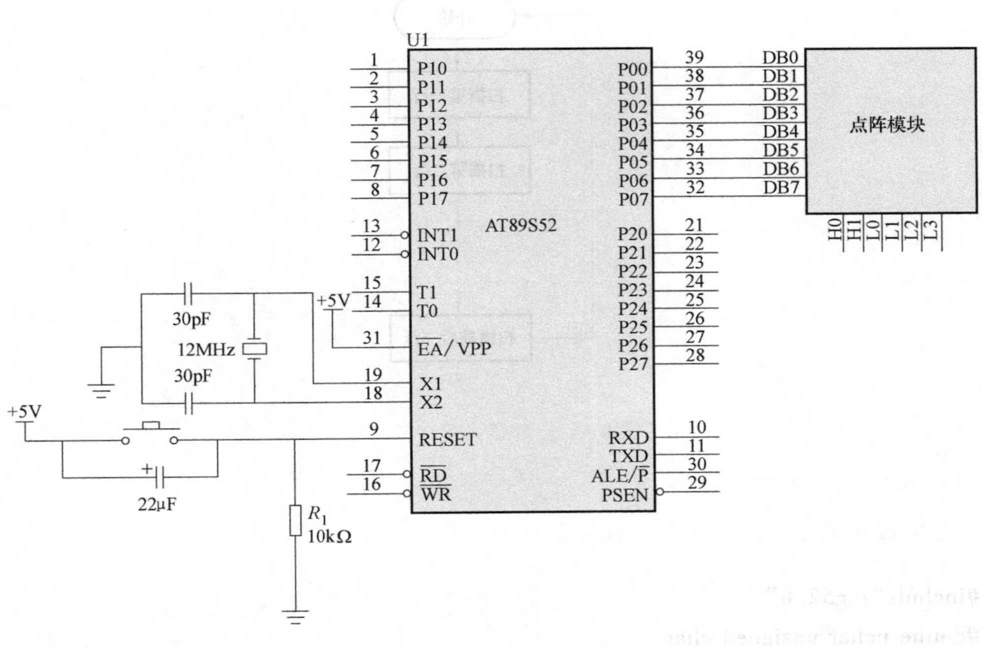

图 8-4　点阵显示电路原理图

(四) 材料表

从原理图 8-3、图 8-4 可以得到实现本项目所需的元器件，元器件清单见表 8-1。

表 8-1　元器件清单

序号	元器件名称	元器件型号	元器件数量	备注
1	单片机芯片	AT89S52	1 片	DIP 封装
2	锁存器芯片	74AC573	6 片	DIP 封装
3	驱动芯片	ULN2803	2 片	DIP 封装
4	点阵模块	8×8	8 块	
5	晶振	12MHz	1 只	
6	电容	30pF	2 只	瓷片电容
		22μF	1 只	电解电容
7	电阻	10kΩ	1 只	碳膜电阻
8	按键		1 只	无自锁
9	40 脚 IC 座		1 片	安装单片机芯片
10	20 脚 IC 座		8 片	安装锁存器芯片、驱动芯片

二、编写控制程序

(一) 绘制程序流程图

本项目程序采用循环结构程序，采用逐行扫描方式，流程图如图 8-5 所示。

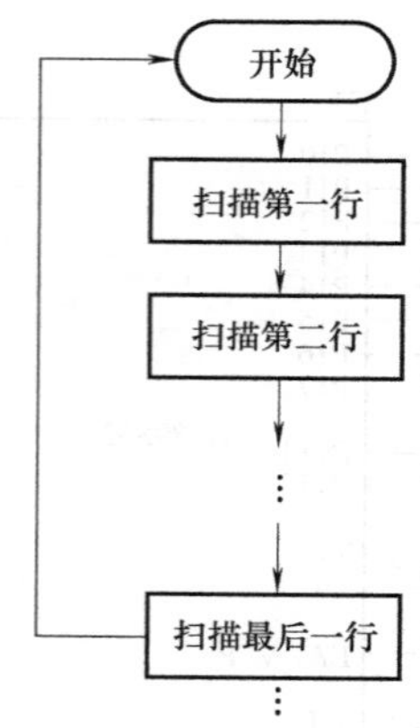

图 8-5　点阵显示程序流程图

（二）编写 C 语言程序

1. 参考程序清单（2 个汉字的显示）

```
#include"reg52. h"
#define uchar unsigned char
#define uint unsigned int
#define DATA P0
sbit  H0=P1^0;
sbit  H1=P1^1;
sbit  L1=P1^2;
sbit  L2=P1^3;
sbit  L3=P1^4;
sbit  L4=P1^5;
uchar code hanzi[][32]=
{//  文字：学
//  宋体 12；  字体对应的点阵为宽×高=16×16
0x02,0x0c,0x88,0x69,0x09,0x09,0x89,0x69,0x09,0x09,0x19,0x28,0xc8,0x0a,
0x0c,0x00,
0x20,0x20,0x20,0x20,0x20,0x22,0x21,0x7e,0x60,0xa0,0x20,0x20,0x20,0x20,
0x20,0x00,
//  文字：校
//  宋体 12；  字体对应的点阵为宽×高=16×16
0x08,0x08,0x0b,0xff,0x09,0x08,0x01,0x12,0x14,0x90,0x70,0x10,0x14,0x12,
0x11,0x00,
0x20,0xc0,0x00,0xff,0x00,0x80,0x01,0x01,0xc2,0x34,0x08,0x34,0xc2,0x01,
0x01,0x00,
};
```

```
uchar str[8]={0,1};
void DZ1()
{
    DATA=0;
    P1=0xff;
    P1=0;
    DATA=hanzi[str[j]][2*h];          //取第一个汉字的第一组数据
    L0=1;
    L0=0;                             //第一列有效(显示字的左半部分)
    DATA=hanzi[str[j]][2*h+1];        //取扫描的第二组数据
    L1=1;
    L1=0;                             //第二列有效(显示字的右半部分)
    DATA=hanzi[str[j+1]][2*h];        //取第二个汉字的第一组数据
    L2=1;
  L2=0;                               //第三列有效(显示字的左半部分)
    DATA=hanzi[str[j+1]][2*h+1];;     //取第二个汉字的第二组数据
    L3=1;
    L3=0;                             //第四列有效(显示字的右半部分)
    if(h<8)                           //如果h<8,说明显示的是字的上半部分
    {
        DATA=1<<h;
        H0=1;
        H0=0;                         //第一行有效(显示字的上半部分)
    }
    else                              //否则,说明显示的是字的下半部分
    {
        DATA=1<<(h-8);
        H1=1;
        H1=0;                         //第二行有效(显示字的下半部分)
    }
    h++;                              //准备取显示在下一行的数据
    h&=0x0f;                          //确保h不超过16
}
void main()
{
uint j, h;
while(1)
    {
```

```
        DZ1( )
        }
    }
```

2. 程序执行过程

程序从自主函数开始执行。先设置两个变量，j 表示显示的汉字的序号，本项目仅仅显示两个汉字，因此 j 的取值只有 0 和 1；h 表示行数，因为 8 块点阵模块排列成 2 行 4 列形式，共有 16 行，因此 h 的取值在 0~15 之间。接着进入 while 大循环，执行点阵子函数。

进入点阵子函数后，先利用三条指令消影“DATA=0；P1=0xff；P1=0；”。然后取到第一个汉字的第一组数据，显示在整个显示屏的左上点阵模块上；接着取到第一个汉字的第二组数据，显示在整个显示屏的上面一行的第二列点阵模块上；再取到第二个汉字的第一组数据，显示在整个显示屏的上面一行的第三列点阵模块上；最后取到第二个汉字的第二组数据，显示在显示屏的右上点阵模块上。

四组数据送完后，h 加 1，开始取整个显示屏第二行的四组数据，然后依次取完上面 8 行的数据。此时 h>8，开始取整个显示屏下面 8 行的数据，每行四组显示完后，程序结束。循环重复执行点阵子函数，整个显示屏上面就看到“学校”两个汉字了。

（三）相关指令学习

1. C 语言中的二维数组

C 语言允许使用多维数组，最简单的多维数组是二维数组。实际上，二维数组是以一维数组为元素构成的数组，要将 d 声明成大小为（10，20）的二维整型数组，可以写成：

```
uint d[10][20]
```

注意：C 语言不像其他大多数计算机语言那样使用逗号区分下标，而是用方括号将各维下标括起，并且数组的二维下标均从 0 计算。

与此相似，要存取数组 d 中下标为（3,5）的元素可以写成：d[3][5]。

【例 8-1】 将整数 1~12 装入二维数组。

```
main( )
{
uint  t,i,num[3][4]
for(t=0;t<3;t++)
for(i=0;i<4;i++)
num[t][i]=(t*4)+i+1;
}
```

在此例中，num[0][0] 的值为 1，num[0][2] 的值为 3，…，num[2][3] 的值为 12。可以将该数组想象为表 8-2 所示形式：

表 8-2　数组形式

列＼行	0	1	2	3
0	1	2	3	4
1	5	6	7	8
2	9	10	11	12

二维数组以行列矩阵的形式存储。第一个下标代表行，第二个下标代表列，这意味着按照在内存中的实际存储顺序访问数组元素时，列比行变化快一些。实际上，第一下标可以认为是行的指针，第二下标就是列的指针。

【例 8-2】　定义一个二维数组，将 0~9 的字模数组装入。

```
uchar code EZK[10][16] = {
    //  文字: 0
    //  宋体 12;  字体对应的点阵为宽×高 = 8×16
    0x00, 0xe0, 0x10, 0x08, 0x08, 0x10, 0xe0, 0x00, 0x00, 0x0f, 0x10, 0x20, 0x20, 0x10,
0x0f, 0x00,
    //  文字: 1
    //  宋体 12;  字体对应的点阵为宽×高 = 8×16
    0x00, 0x10, 0x10, 0xf8, 0x00, 0x00, 0x00, 0x00, 0x00, 0x20, 0x20, 0x3f, 0x20, 0x20,
0x00, 0x00,
    //  文字: 2
    //  宋体 12;  字体对应的点阵为宽×高 = 8×16
    0x00, 0x70, 0x08, 0x08, 0x08, 0x88, 0x70, 0x00, 0x00, 0x30, 0x28, 0x24, 0x22, 0x21,
0x30, 0x00,
    //  文字: 3
    //  宋体 12;  字体对应的点阵为宽×高 = 8×16
    0x00, 0x30, 0x08, 0x88, 0x88, 0x48, 0x30, 0x00, 0x00, 0x18, 0x20, 0x20, 0x20, 0x11,
0x0e, 0x00,
    //  文字: 4
    //  宋体 12;  字体对应的点阵为宽×高 = 8×16
    0x00, 0x00, 0xc0, 0x20, 0x10, 0xf8, 0x00, 0x00, 0x00, 0x07, 0x04, 0x24, 0x24, 0x3f,
0x24, 0x00,
    //  文字: 5
    //  宋体 12;  字体对应的点阵为宽×高 = 8×16
    0x00, 0xf8, 0x08, 0x88, 0x88, 0x08, 0x08, 0x00, 0x00, 0x19, 0x21, 0x20, 0x20, 0x11,
0x0e, 0x00,
    //  文字: 6
    //  宋体 12;  字体对应的点阵为宽×高 = 8×16
```

```
    0x00,0xe0,0x10,0x88,0x88,0x18,0x00,0x00,0x00,0x0f,0x11,0x20,0x20,0x11,
0x0e,0x00,
    //  文字： 7
    //  宋体 12；  字体对应的点阵为宽×高=8×16
    0x00,0x38,0x08,0x08,0xC8,0x38,0x08,0x00,0x00,0x00,0x00,0x3f,0x00,0x00,
0x00,0x00,
    //  文字： 8
    //  宋体 12；  字体对应的点阵为宽×高=8×16
    0x00,0x70,0x88,0x08,0x08,0x88,0x70,0x00,0x00,0x1c,0x22,0x21,0x21,0x22,
0x1c,0x00,
    //  文字： 9
    //  宋体 12；  字体对应的点阵为宽×高=8×16
    0x00,0xe0,0x10,0x08,0x08,0x10,0xe0,0x00,0x00,0x00,0x31,0x22,0x22,0x11,
0x0f,0x00,
    //  文字： 0
    //  宋体 12；  字体对应的点阵为宽×高=8×16
    0x00,0x00,0x00,0x00,0x00,0x00,0x00,0x00,0x00,0x30,0x30,0x00,0x00,0x00,
0x00,0x00,
    };
```

2. 复合赋值运算符

在赋值运算符当中，还有一类复合赋值运算符，又称为带有运算的赋值运算符，也叫赋值缩写，使得改变变量的表达式更为简洁。

例如：i=i+j；可表示为 i+=j；这里+=是复合赋值运算符。

又如：Total=Total+3；

此语句的意思是 Total 本身的值加 3，然后再赋值给本身。为了简化，上面的代码也可以写成：

Total+=3；

复合赋值运算符共有十种：

+=　加法赋值

-=　减法赋值

*=　乘法赋值

/=　除法赋值

%=　模运算赋值

<<=　左移赋值

>>=　右移赋值

&=　位逻辑与赋值

|=　位逻辑或赋值

^=　位逻辑异或赋值

看了上面的复合赋值运算符，我们可能会问，到底 Total=Total+3 与 Total+=3 有没有区别？答案是有的，对于 A=A+1，表达式 A 被计算了两次，对于复合运算符 A+=1，表达式 A 仅计算了一次。一般来说，这种区别对于程序的运行没有多大影响，但是当表达式作为函数的返回值时，函数就被调用了两次，而且如果使用普通的赋值运算符，也会加大程序的开销，使效率降低。

构成复合赋值表达式的一般形式：

变量 双目运算符=表达式

它等效于：变量=变量 运算符 表达式

例如：a+=5 等价于 a=a+5；

x *=y+7 等价于 x=x *（y+7）；

r%=p 等价于 r=r%p。

三、程序仿真与调试

1）运行 Keil 软件并将源程序输入，以文件名 main8. c 保存并添加到工程中，编译并检查是否有语法错误直至编译通过。

2）利用编程器将编译生成的 lx8. hex 文件写入单片机芯片，运行程序，观察点阵的显示情况。

3）结合实际生活中遇到的点阵显示的控制内容——显示自己的名字、时间、天气预报等信息，修改程序，重新保存文件、编译、写入芯片并运行，观察控制现象。

知识拓展

单片机控制点阵模块的方法

一、LED 显示屏

LED 显示屏分为图文显示屏和视频显示屏，均由 LED 矩阵模块组成。图文显示屏可与计算机同步显示汉字、英文文本和图形；视频显示屏采用微型计算机进行控制，图文并茂，以实时、同步、清晰的信息传播方式播放各种信息，还可显示二维、三维动画、录像、电视、VCD 节目以及现场实况。LED 显示屏画面色彩鲜艳、立体感强、静如油画、动如电影，广泛应用于车站、码头、机场、商场、医院、宾馆、银行、证券市场、建筑市场、拍卖行、工业企业管理和其他公共场所。它的优点：亮度高、工作电压低、功耗小、微型化、易与集成电路匹配、驱动简单、寿命长、耐冲击、性能稳定。

二、单片机控制点阵模块的方式

从理论上说，不论显示图形还是文字，只要控制与组成这些图形或文字的各个点所在位置相对应的 LED 器件发光，就可以得到我们想要的显示结果，这种同时控制各个发光点亮灭的方法称为静态驱动显示方式。16×16 的点阵共有 256 只发光二极管，显然单片机没有这么多的端口，如果采用锁存器来扩展端口，按 8 位的锁存器来计算，16×16 的点阵需要 256/8=32 个锁存器。这里我们仅仅是 16×16 的点阵，而在实际应用中的显示屏往往要大得多，这样在锁存器上花的成本将是一个很庞大的数字。因此在实际应用中几乎都不采用这种设

计，而采用动态扫描的显示方法。

动态扫描的意思简单地说就是逐行轮流点亮，这样扫描驱动电路就可以实现多行（比如16行）的同名列共用一套驱动器。具体就16×16的点阵来说，把所有同1行的发光管的阳极连在一起，把所有同1列的发光管的阴极连在一起（共阳极的接法），先送出对应第一行发光管亮灭的数据并锁存，然后选通第1行使其点亮一定时间，然后熄灭；再送出第二行的数据并锁存，然后选通第2行使其点亮相同的时间，然后熄灭；以此类推，第16行之后，又重新点亮第1行，反复轮回。当这样轮回的速度足够快（每秒24次以上），由于人眼的视觉暂留现象，就能够看到显示屏上稳定的图形了。

采用扫描方式进行显示时，每一行有一个行驱动器，各行的同名列共用一个驱动器。显示数据通常存储在单片机的存储器中，按8位一个字节的形式顺序排放。显示时要把一行中各列的数据都传送到相应的列驱动器上去，这就存在一个显示数据传输的问题。从控制电路到列驱动器的数据传输可以采用并行方式或串行方式。显然，采用并行方式时，从控制电路到列驱动器的线路数量大，相应的硬件数目多。当列数很多时，并列传输的方案是不可取的。

采用串行传输的方法，控制电路可以只用一根信号线，将列数据一位一位地传往列驱动器，在硬件方面无疑是十分经济的。但是，串行传输过程较长，数据按顺序一位一位地输出给列驱动器，只有当一行的各列数据都已传输到位之后，这一行的各列才能并行地进行显示。这样，对于一行的显示过程就可以分解成列数据准备（传输）和列数据显示两部分。对于串行传输方式来说，列数据准备时间可能相当长，在行扫描周期确定的情况下留给行显示的时间就太少了，以致影响到LED的亮度。

解决串行传输中列数据准备和列数据显示的时间矛盾问题，可以采用重叠处理的方法。即在显示本行各列数据的同时，传送下一列数据。为了达到重叠处理的目的，列数据的显示就需要具有锁存功能。经过上述分析，就可以归纳出列驱动器电路应具有的功能。对于列数据准备来说，它应能实现串入并出的移位功能；对于列数据显示来说，应具有并行锁存的功能。这样，本行已准备好的数据打入并行锁存器进行显示时，串入并出移位寄存器就可以准备下一行的列数据，而不会影响本行的显示。显示屏电路框图如图8-6所示。

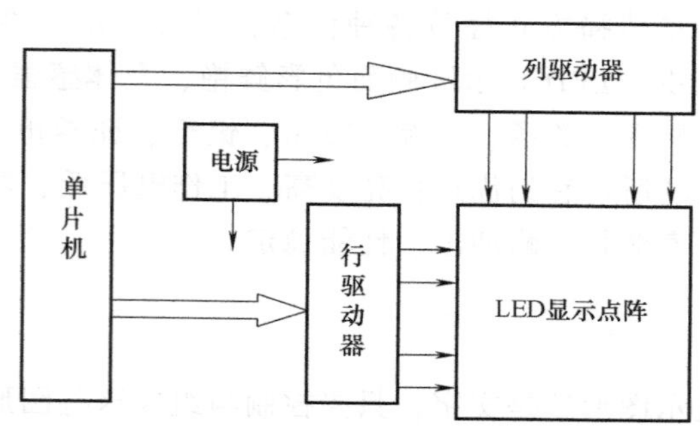

图8-6　显示屏电路框图

三、驱动电路的设计

本项目采用行扫描点阵模块的方式进行控制，即先扫描第一阵列的4块点阵模块的第一

行，其次是第二行、第三行……因此输出第一阵列行数据和第二阵列行数据分别使用两片ULN2803，这样可以增加行驱动能力。

ULN2803是高压大电流达林顿晶体管阵列系列产品，具有电流增益高、工作电压高、温度范围宽、带负载能力强等特点，适应于各类要求高速大功率驱动的系统。ULN2803集成了8个NPN达林顿晶体管，非常适合连接低电平数字电路（例如TTL、CMOS、PMOS）和较高的电压/电流（如电灯、电磁阀、继电器、打印机锤）负载，广泛地使用在计算机、工业和消费领域。所有设备功能由集电极输出和钳位二极管瞬态抑制。该电路为反向输出型，即输入低电平。图8-7所示为ULN2803芯片的引脚及内部电路结构图。

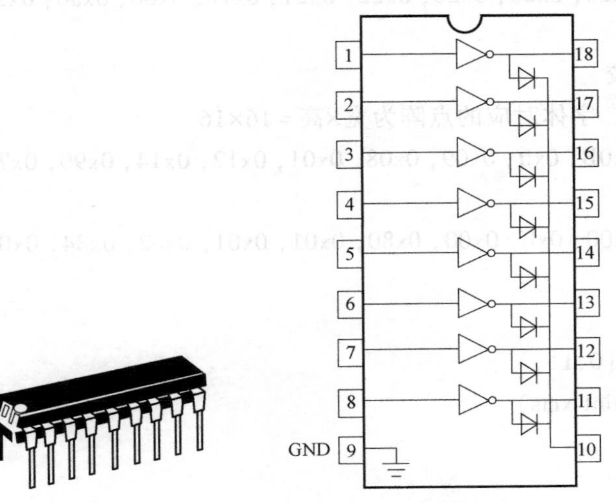

图8-7　ULN2803芯片的引脚及内部电路结构图

从图中可以看出，1～8号引脚是数据输入端，11～18号引脚是数据输出端，9号引脚是电源接地端，10号引脚是电源正极端。

为了进一步控制每一块点阵上每一个发光二极管的亮灭，需要利用6片74AC573锁存器进行数据传送。

四、点阵显示内容的移入移出

利用点阵模块除了对汉字、数字、字符进行静止显示外，大多数时间，因为点阵屏幕的面积所限，要显示更多的内容或者为了引起人们的注意，我们要让点阵显示的内容呈现移入或者移出的效果（左移/右移）。下面是实现本项目显示的汉字右移滚屏效果的参考程序。

```
#include"reg52.h"
#define uchar unsigned char
#define uint unsigned int
#define DATA P0
sbit  H0=P1^0;
sbit  H1=P1^1;
sbit  L1=P1^2;
sbit  L2=P1^3;
```

```
    sbit   L3 = P1^4;
    sbit   L4 = P1^5;
    uchar code hanzi[ ][32] =
    {//  文字: 学
    //   宋体 12;   字体对应的点阵为宽×高 = 16×16
    0x02, 0x0c, 0x88, 0x69, 0x09, 0x09, 0x89, 0x69, 0x09, 0x09, 0x19, 0x28, 0xc8, 0x0a,
0x0c,0x00,
    0x20, 0x20, 0x20, 0x20, 0x20, 0x22, 0x21, 0x7e, 0x60, 0xa0, 0x20, 0x20, 0x20, 0x20,
0x20,0x00,
    //   文字: 校
    //   宋体 12;   字体对应的点阵为宽×高 = 16×16
    0x08, 0x08, 0x0B, 0xff, 0x09, 0x08, 0x01, 0x12, 0x14, 0x90, 0x70, 0x10, 0x14, 0x12,
0x11,0x00,
    0x20, 0xc0, 0x00, 0xff, 0x00, 0x80, 0x01, 0x01, 0xc2, 0x34, 0x08, 0x34, 0xc2, 0x01,
0x01,0x00,
    };
    uchar str[8] = {0,1};
    void delayms(uint xms)
    {
        uint i,j;
        for(i = xms;i>0;i++)
            for(j = 110;j>0;j--);
    }
    void disp(uint  d1, d2, pos)
    {
        uint row = 0x80,i;
        for(i = 0;i<16;i++)
        {
            DATA = 0;
            P1 = 0xff;
            P1 = 0;
            if(i%8 = = 0)
                row = 0x80;
            DATA = row;
            if(i<8)
            {
                H0 = 1;
                H0 = 0;
```

```
}
else
{
    H1 = 1;
    H1 = 0;
}
if(i<16-pos)
{
    DATA = d1[(i+pos) * 2];
    L0 = 1;
    L0 = 0;
    DATA = d1[(i+pos) * 2+1];
    L1 = 1;
    L1 = 0;
    DATA = d2[(i+pos) * 2];
    L2 = 1;
    L2 = 0;
    DATA = d2[(i+pos) * 2+1];
    L3 = 1;
    L3 = 0;
}
else
{
    DATA = d1[(pos-16+i) * 2];
    L0 = 1;
    L0 = 0;
    DATA = d1[(pos-16+i) * 2+1];
    L1 = 1;
    L1 = 0;
    DATA = d2[(pos-16+i) * 2];
    L2 = 1;
    L2 = 0;
    DATA = d2[(pos-16+i) * 2+1];
    L3 = 1;
    L3 = 0;
}
delayms(10);
row = row>>1;
```

```
        }
    }
    void dispr( uint   d1, d2)
    {
        uint row = 0x80, i;
        uint temp[ 16] ;
        for( i = 0; i<16; i++)
            temp[ i] = d1[ i * 2] ;
        for( i = 0; i<16; i++)
            d1[ i * 2] = ( d1[ i * 2] >>1) +( d2[ i * 2+1] &0x01) * 128;
        for( i = 0; i<16; i++)
            d2[ i * 2+1] = ( d2[ i * 2+1] >>1) +( d2[ i * 2] &0x01) * 128;
        for( i = 0; i<16; i++)
            d2[ i * 2] = ( d2[ i * 2] >>1) +( d1[ i * 2+1] &0x01) * 128;
        for( i = 0; i<16; i++)
            d1[ i * 2+1] = ( d1[ i * 2+1] >>1) +( temp[ i] &0x01) * 128;
        for( i = 0; i<16; i++)
        {
            DOTPORT = 0;
            P1 = 0xff;
            P1 = 0;
            if( i%8 = = 0)
                row = 0x80;
            DOTPORT = row;
            if( i<8)
        {
            row0 = 1;
            row0 = 0;
        }
        else
        {
            row1 = 1;
            row1 = 0;
        }
        DOTPORT = d1[ ( i) * 2] ;
        co10 = 1;
        co10 = 0;
        DOTPORT = d1[ ( i) * 2+1] ;
```

```
        col1=1;
        col1=0;
        DOTPORT=d2[(i)*2];
        col2=1;
        col2=0;
        DOTPORT=d2[(i)*2+1];
        col3=1;
        col3=0;
        delay(100);
        row=row>>1;
        }
    }
    void main( )
    {
    uint j, h;
    while(1)
        {
        DZ1( )
        }
    }
```

项目测试

一、填空题

1. LED 点阵显示模块由 64 个发光二极管组成，排列成__行×__列的点阵，共有____个行引出脚和____个列引出脚。

2. 若将项目中图 8-2 中的 8 个列引出线接低电平，要显示字母 X，则应在行引出线输入数据______。

3. 语句 x++；++x；x=x+1；x=1+x；执行后都使变量 x 的值增 1，请写出一条同一功能的语句________________。

二、选择题

1. 存储 16×16 点阵的一个汉字信息，需要的字节数为（　　）。

A. 32　　B. 64　　C. 128　　D. 256

2. 8255A 的 A 口工作在方式 2 时，B 口工作在（　　）。

A. 方式 0 或方式 1　　B. 方式 1 或方式 2

C. 只能工作在方式 1　　D. 任何方式都不行，只能空着

3. 以下合法的赋值语句是（　　）。

A. x=y=100；B. d--；　　C. x+y；　　D. c=int（a+b）；

4. 以下非法的赋值语句是（　　）。

A. n=（i=2，++i）；　　B. j++；　　C. ++（i+1）；　　D. x=y>0；

三、简答与程序设计

1. 简单叙述点阵行扫描、列扫描的方法？

2. 设计一个简单的60s计时系统，利用4块8×8点阵显示00~99，设计电路并编程。

项目评估

项目评估表

评价项目	评价内容	配分	评价标准	得分
电路分析	电路基础知识	10	理解8×8点阵电路电路结构及件功能	
电路搭建	在实训台选择对应的模块及元器件	10	模块及元器件选择合理	
程序编制、调试、运行	指令学习	30	能正确理解二维数组的意义　10分	
			理解复合赋值运算符用法和意义 10分	
			能根据要求编写不同定时时间的程序　10分	
	程序分析、设计	20	能正确分析程序功能　10分	
			能根据要求设计功能相似程序　10分	
	程序调试与运行	20	程序输入正确　5分	
			程序编译仿真正确　5分	
			能修改程序并分析　10分	
安全文明生产	使用设备和工具	5	正确使用设备和工具	
团结协作意识	集体意识	5	各成员分工协作，积极参与	

项目九

数字电压表的模拟控制

项目目标

通过数字电压表的制作，学习模-数（A-D）转换的知识，利用 ADC0809 实现模拟电压的转换。学会单片机控制外部器件的方法，能够编写较复杂的控制程序。

项目任务

应用 AT89S52 芯片和 ADC0809 芯片，实现对一路 0~5V 直流电压进行模数转换，结合 4 位数码管，实时显示测量的电压值，单位为 mV。

项目分析

数字电压表是诸多数字化仪表的核心与基础，电压表的数字化是将连续的模拟量如直流电压转换成不连续的离散的数字形式并加以显示，这有别于传统的以指针加刻度盘进行读数的方法，避免了读数的误差和视觉疲劳。目前数字万用表的内部核心部件是 A-D 转换器，转换器的精度很大程度上影响着数字万用表的准确度，本项目采用 ADC0809 对输入模拟信号进行转换，控制核心 AT89S52 再对转换的结果进行运算和处理，最后驱动输出装置显示数字电压信号，即在 LED 数码管上进行显示，可以显示到电压值的小数点后两位。

项目实施

一、硬件电路设计

（一）硬件电路设计思路

本设计通过模-数转换芯片 ADC0809，将连续的模拟量（直流电压 0~5V）转换成不连续的数字形式，并通过数码管进行显示，利用 AT89S52 的 P0 口与 ADC0809 进行数据传送，4 位数码管采用动态扫描方式与单片机芯片 AT89S52 的 I/O 口进行连接。

（二）硬件电路设计相关知识

1. ADC0809 与 AT89S52 的连接

ADC0809 是带有 8 位 A-D 转换器、8 路多路开关以及微处理器兼容的控制逻辑 CMOS 组件。它是逐次逼近式 A-D 转换器，可以和单片机直接连接。如图 9-1 所示为 ADC0809 芯片的外形和引脚结构图。

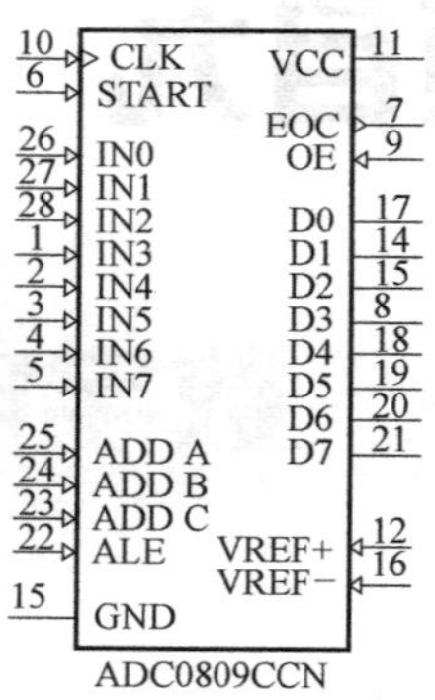

图 9-1　ADC0809 芯片的外形和引脚结构图

其中，D0～D7 是 8 位数字量输出引脚；IN0～IN7 是 8 位模拟量输入引脚；VCC 是接+5V 工作电压引脚；GND 是接地引脚；REF（+）、REF（-）是参考电压正、负引脚；START 是 A-D 转换启动信号输入引脚；ALE 是地址锁存允许信号输入引脚；EOC 是转换结束信号输出引脚，开始转换时为低电平，当转换结束时为高电平；OE 是输出允许控制引脚，用以打开三态数据输出锁存器；CLK 是时钟信号输入引脚（一般为 500kHz）；A、B、C：地址输入引脚。

如图 9-2 所示，从 ADC0809 的通道 IN0 输入 0～5V 的模拟量，通过 ADC0809 转换成数字量在数码管上以十进制形式显示出来。

利用单片机的 P3.0～P3.2 与 ADC0809 的相关控制引脚连接。

单片机的 ALE 输出为 1/6 时钟频率，当用 12MHz 的晶振时，输出 2MHz 脉冲，经 74LS74 双 D 触发器四分频后为 500kHz，恰能满足 ADC0809 的需要。因此将单片机的 ALE 引脚经四分频后接入 ADC0809 的 CLK 引脚。

由于本项目采用 IN0 通道，对一路直流电压进行转换，因此将 ADC0809 的 A、B、C 引脚并联接地，相当于输入 000 三个低电平信号。

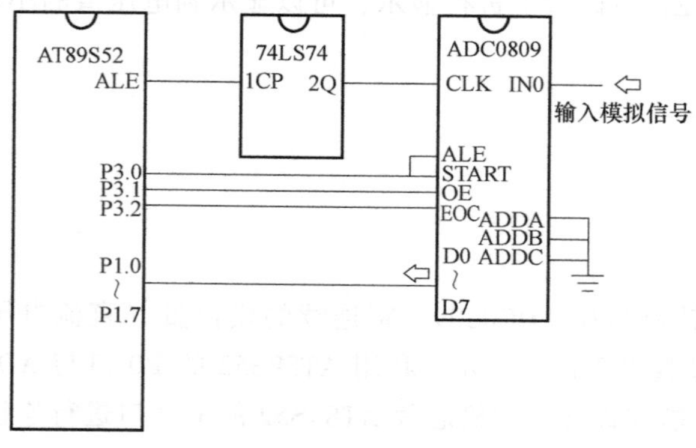

图 9-2　ADC0809 与 AT89S52 连接图

2. 4 位数码管显示电路

本项目选用 4 位数码管构成显示电路，采用动态扫描方式进行控制，利用单片机的 P0

口作为数码管的数据输出口，选择 P2 口的 P2.0~P2.3 作为数码管的位选引脚。

3. 控制电路

(1) $\overline{EA}$/VPP 引脚　本设计选用 AT89S52 单片机芯片，使用片内程序存储器，因此$\overline{EA}$/VPP 引脚接高电位。

(2) ALE 引脚　本项目中利用此引脚输出信号频率是单片机外接晶振频率的 1/6 这一特点，将 ALE 引脚与 74LS74 双 D 触发器的相关引脚连接，四分频后作为 ADC0809 的时钟信号。

(三) 电路原理图

综合以上设计，得到如图 9-3 所示的数字电压表电路原理图。

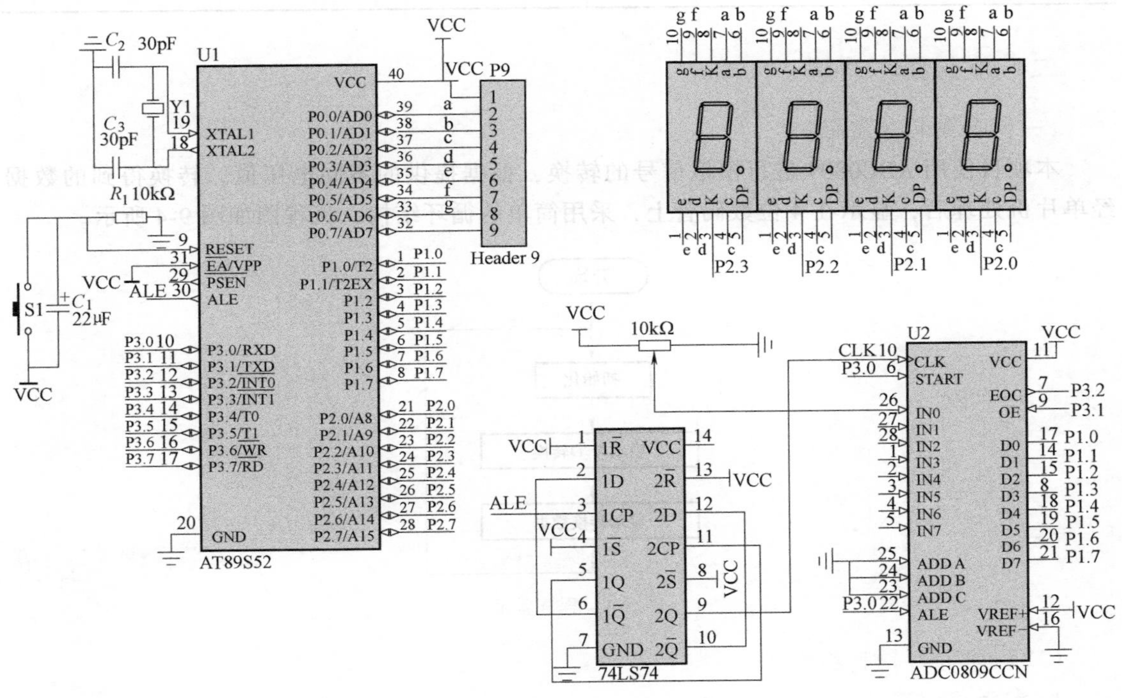

图 9-3　数字电压表电路原理图

(四) 材料表

从原理图 9-3 可以得到实现本项目所需的元器件，元器件清单见表 9-1。

表 9-1　元器件清单

序号	元器件名称	元器件型号	元器件数量	备　注
1	单片机芯片	AT89S52	1 片	DIP40 封装
2	双 D 触发器	74LS74	1 片	DIP14 封装
3	数模转换芯片	ADC0809	1 片	DIP28 封装
4	LED 数码管	ArkSM42050	4 片	共阴极
5	晶振	12MHz	1 只	

（续）

序号	元器件名称	元器件型号	元器件数量	备　注
6	电容	30pF	2只	瓷片电容
		22μF	1只	电解电容
7	电阻	10kΩ	1只	可调电阻器
		10kΩ	1只	碳膜电阻
8	按键		2只	无自锁
9	40脚IC座		2片	安装单片机芯片
10	28脚IC座		1片	安装ADC0809芯片
11	14脚IC座		1片	安装74LS74芯片

二、控制程序编写

（一）绘制程序流程图

本项目使用ADC0809进行模拟信号的转换，根据提供的不同电压值，转换得到的数据经单片机处理后，显示在4位数码管上，采用简单的循环结构，流程图如图9-4所示。

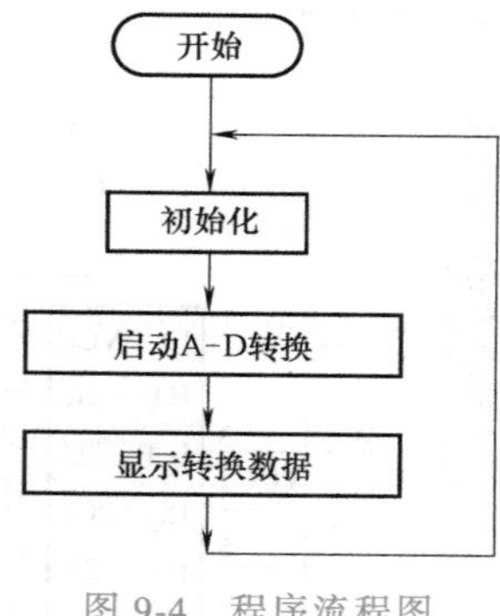

图9-4　程序流程图

（二）编写C语言程序

1. 参考程序清单

```
#include<reg52. h>
#define uchar unsigned char
#define uint  unsigned int
sbit STR=P3^0;
sbit OE=P3^1;
sbit EOC=P3^2;
uint adval,val;
uchar code dm[]={0x3f,0x06,0x5b,0x4f,0x66,0x6d,
        0x7d,0x07,0x7f,0x6f,0x00};//共阴极数码管段选码
uchar hc[]={0,0,0,0};
```

```
void delay(uchar t)   //延时程序
{
    uchar i;
    while(t--)
    {
      for(i=0;i<120;i++);
    }
}
void smg( )          //数码管显示程序
{
    P0=dm[hc[0]];
    P2=0xfe;
    delay(2);
    P0=dm[hc[1]];
    P2=0xfd;
    delay(2);
    P0=dm[hc[2]];
    P2=0xfb;
    delay(2);
    P0=dm[hc[3]];
    P2=0xf7;
    delay(2);
}
void adc()        //ADC 转换子程序
{
        uchar k;
        STR=0;
        OE=0;
        STR=0;
        for(k=0;k<3;k++);
        STR=1; //通道地址锁存
        for(k=0;k<100;k++);
        STR=0;   //启动转换
        while(! EOC);//等待转换结束
        OE=1; //允许输出
        adval=P1;//转换结果输出到临时变量
        val=(adval*250)/128;
        STR=0;
```

```
        OE=0;
    }
    void main()
    {
        TMOD=0x01;
        TH0=(65536-5000)/256;
        TL0=(65536-5000)%256;
        TR0=1;
        ET0=1;
        EA=1;
        while(1)
        {
            adc();
            hc[3]=val/1000;
            hc[2]=val%1000/100;
            hc[1]=val%1000%100/10;
            hc[0]=val%1000%100%10;
        }
    }
    void t0()    interrupt 1
    {
        TH0=(65536-5000)/256;
        TL0=(65536-5000)%256;
        smg();
    }
```

2. 程序执行过程

单片机上电或复位后，程序自主函数开始执行。由于数码管采用动态扫描方式，利用单片机的定时器进行数码管的扫描，因此首先对定时器进行设置。“TMOD = 0x01; TH0 = (65536-5000)/256; TL0=(65536-5000)%256;”语句表示使用定时器 0，每隔 5ms 中断一次（数码管每隔 5ms 刷新一次），然后启动定时器，打开中断。

进入 while （1） 死循环后，首先执行 AD 转换子函数 adc （）;。

进入 adc （） 子函数，先将 ADC0809 的 START、OE 信号清零，短暂延时后，通道地址锁存。根据 ADC0809 的工作时序要求，进行大于 480μs 延时后，启动 A-D 转换。while （! EOC） 语句通过判断 EOC 的状态来判断转换是否结束。转换结束后，EOC 为高电平 1，退出 while （! EOC） 循环。然后将 ADC0809 的 OE 引脚置 1（允许输出），接着通过 P0 口读入转换后的数据，赋给变量 adval。由于转换得到的是 8 位二进制数据，无符号数的表示范

围是 0~255，而我们测量的直流电压的可调范围是 0~5V，即 0~500mV，所以要将得到的 8 位二进制数进行当量换算。利用“val=(adval*250)/128;”将 val 换算到 0~498 之间的数值，即显示的电压值最大可以到 498mV。若要显示数值恰好为 500mV，修改语句为“val=(adval*251)/128;”即可。

注意：转换完成后将 OE 和 START 清零。

执行完 adc（）子函数后，将得到的电压值分配到 4 个数码管上显示。

当定时器中断发生时，进入中断处理程序，首先重新赋初值，然后执行数码管扫描子函数 smg（）。

进入数码管扫描子函数后，将转换得到的电压值的每一位数值从 P0 口输出段选码，P2 口输出对应的位选码即可。

（三）相关指令学习

1. 条件运算符

条件运算符（?:）是 C 语言中唯一的一个三目运算符，它是对第一个表达式做真假检测，然后根据结果返回另外两个表达式中的一个。

<表达式 1>？<表达式 2>：<表达式 3>

在运算中，首先对第一个表达式进行检验，如果为真，则返回表达式 2 的值；如果为假，则返回表达式 3 的值。

例如：a=(b>0)？b:-b;

当 b>0 时，a=b；当 b 不大于 0 时，a=-b；这就是条件表达式。其实它的意思就是把 b 的绝对值赋值给 a。

2. 逗号运算符

在 C 语言中，多个表达式可以用逗号分开，其中用逗号分开的表达式的值分别结算，但整个表达式的值是最后一个表达式的值。

假设 b=2，c=7，d=5，

a1=(++b,c--,d+3);

a2=++b,c--,d+3;

对于第一行代码，有三个表达式，用逗号分开，所以最终的值应该是最后一个表达式的值，也就是 d+3，为 8，所以 a1=8。对于第二行代码，也是有三个表达式，这时的三个表达式为 a2=++b、c--、d+3，（这是因为赋值运算符比逗号运算符优先级高）所以最终表达式的值虽然也为 8，但 a2=3。

3. 优先级和结合性

从上面逗号运算符的那个例子可以看出，这些运算符计算时都有一定的顺序，就好像先要算乘除后算加减一样。优先级和结合性是运算符两个重要的特性，结合性又称为计算顺序，它决定组成表达式的各个部分是否参与计算以及什么时候计算。

表 9-2 中是 C 语言中所使用的运算符的优先级和结合性。

表 9-2　运算符的优先级和结合性

<table>
<tr><th>优先级</th><th>运算符</th><th>结合性</th></tr>
<tr><td>最高</td><td>( ) [ ] -></td><td>自左向右</td></tr>
<tr><td></td><td>! ~ ++ -- + - * & sizeof</td><td>自右向左</td></tr>
<tr><td></td><td>* / %</td><td>自左向右</td></tr>
<tr><td></td><td>+ -</td><td>自左向右</td></tr>
<tr><td></td><td><< >></td><td>自左向右</td></tr>
<tr><td></td><td>< <= > >=</td><td>自左向右</td></tr>
<tr><td></td><td>== !=</td><td>自左向右</td></tr>
<tr><td></td><td>&</td><td>自左向右</td></tr>
<tr><td></td><td>∧</td><td>自左向右</td></tr>
<tr><td></td><td>|</td><td>自左向右</td></tr>
<tr><td></td><td>&&</td><td>自左向右</td></tr>
<tr><td></td><td>||</td><td>自左向右</td></tr>
<tr><td></td><td>?:</td><td>自右向左</td></tr>
<tr><td></td><td>= += -= *= /= %= &= ^= |=
<<= >>=</td><td>自右向左</td></tr>
<tr><td>最低</td><td>,</td><td>自左向右</td></tr>
</table>

三、程序仿真与调试

1）运行 Keil 软件并将源程序输入，以文件名 lx9.c 保存并添加到工程中，编译并检查是否有语法错误直至编译通过。

2）利用 ISP 下载线或者串口，将编译生成的 lx9.hex 文件写入单片机芯片，运行程序，观察数码管的数值。

3）调节直流电压源的输出电压，观察数码管显示数值的变化情况，结合实际生活中对电压的要求，设定一个最低工作电压，当电压低于这个电压时，报警显示 4 个 E，修改源程序，重新保存文件、编译、写入芯片并运行，观察控制现象。

知识拓展

A-D（模-数）转换器

将模拟信号转换成数字信号的器件称为模-数转换器，即 A-D 转换器，或简称 ADC。通常的模-数转换器是将输入电压、电流等电信号，也可以是压力、温度、湿度、位移、声音等非电信号，转换为输出的数字信号，但是在 A-D 转换前，非电信号必须经各种传感器转换成电信号，转换后输出的数字信号可以为 8 位、12 位和 16 位等。

由于数字信号本身不具有实际意义，仅仅表示一个相对大小，因此任何一个模-数转换器都需要一个参考模拟量作为转换的标准，比较常见的参考标准为最大的可转换信号，而输出的数字量则表示输入信号相对于参考信号的大小。

随着大规模集成电路技术的迅速发展，A-D 转换器不断推出新产品。它按工作原理可以

分为逐次逼近式、双积分式、计数比较式和并行式，下面我们主要介绍最常用的逐次逼近式和双积分式 A-D 转换器。

一、A-D 转换器原理

1. 逐次逼近式 A-D 转换器

逐次逼近式 A-D 转换器是用一个计量单位将连续量整量化（简称量化），即用计量单位与连续量进行比较，把连续量变为计量单位的整数倍，略去小于计量单位的连续部分。这样所得到的整数量即为数字量。显然，计量单位越小，量化的误差也越小。

我们用天平的称重过程举例说明逐次逼近式 A-D 转换器的转换原理。若有 4 个砝码共重 15g，每个砝码的质量分别为 8g、4g、2g、1g。设待称物体重 13g，可以用表 9-3 所示步骤来称量。

表 9-3 砝码称重顺序

顺序	砝码质量	比较判断	暂时结果
1	8g	8g<13g	保留
2	4g	12g<13g	保留
3	2g	14g>13g	去掉
4	1g	13g=13g	保留

图 9-5 所示为一个逐次逼近式 A-D 转换器原理图。其转换过程是：初始化时，将逐次逼近寄存器各位清零；转换开始时，先将逐次逼近寄存器最高位置 1，送入 D-A 转换器，经 D-A 转换后生成的模拟量送入比较器，称为 Vo，与送入比较器待转换的模拟量 Vi 进行比较，若 Vo<Vi，该位 1 被保留，否则被清除。然后再将逐次逼近寄存器次高位置 1，将寄存器中新的数字量送入 D-A 转换器，输出的 Vo 再与 Vi 比较，若 Vo<Vi，该位 1 被保留，否则被清除。重复此过程，直至逼近寄存器最低位。转换结束后，将逐次逼近寄存器中的数字量送入缓冲寄存器，得到数字量的输出。逐次逼近的操作过程是在一个控制电路的控制下进行的。

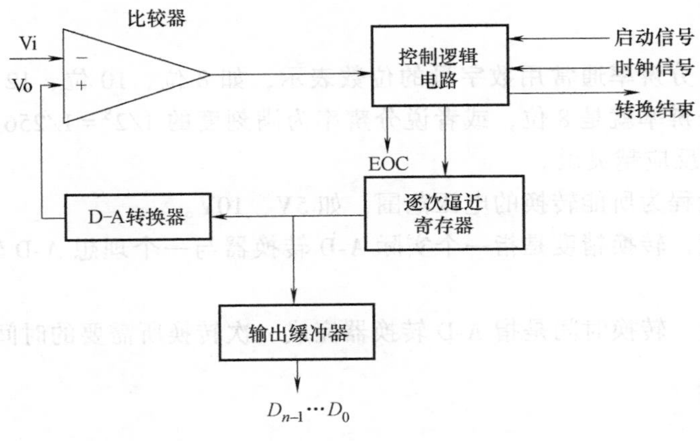

图 9-5 逐次逼近式 A-D 转换器原理图

2. 双积分式 A-D 转换器

双积分式 A-D 转换器采用间接测量原理，即将被测电压值 Vx 转换成时间常数，通过测量时间常数得到未知电压值。其原理框图如图 9-6a 所示。它由电子开关、积分器、比较器、计数器、逻辑控制门等部件组成。

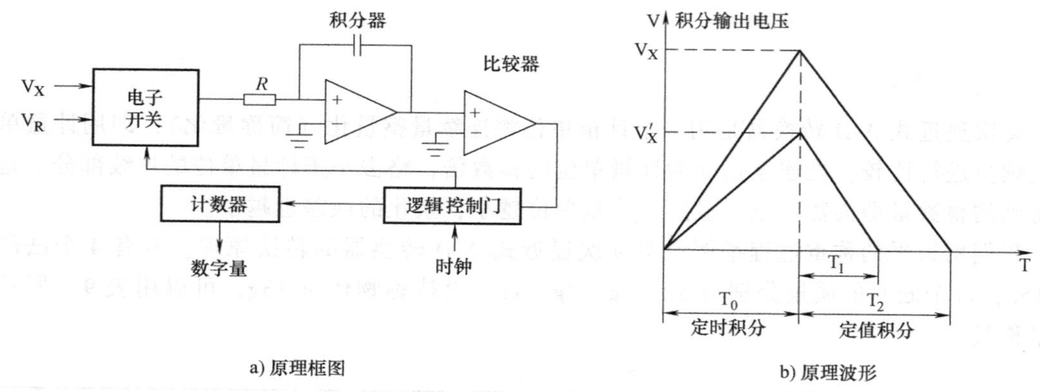

图 9-6 双积分式 A-D 转换器原理图

所谓双积分就是进行一次 A-D 转换需要两次积分。转换的过程是：先接通电子开关，将被测电压 Vx 加到积分器的输入端，积分器从零开始，在固定时间 T_0内对 Vx 积分（称为定时积分），积分输出终值与 Vx 成正比。接着逻辑控制门将电子开关切换到极性与 Vx 相反的基准电压 V_R上，进行反向积分，由于基准电压 V_R恒定，所以积分输出将按 T_0期间积分的值以恒定的斜率下降，当比较器检测到积分输出过零时，积分器停止工作。反向积分时间 T_1与定值积分的初值成比例关系，故可以通过测量反向积分时间 T_1计算出 V_X，即 $V_X=(T_1/T_0)V_R$。反向积分时间 T_1由计数器得到。图 9-6b 显示出了两种不同输入电压（$V_X>V'_X$）的积分情况，显然 V'_X值小，在 T_0定时积分期间积分器输出终值也相应变小，而下降斜率相同，故反向积分时间 T'_1也就小。

由于双积分的二次积分时间比较长，因此 A-D 转换速度慢，但精度高。

二、性能指标

（1）分辨率　分辨率通常用数字量的位数表示，如 8 位、10 位、12 位分辨率等。如 8 位 A-D 转换器的分辨率就是 8 位，或者说分辨率为满刻度的 $1/2^8=1/256$。分辨率越高，随输入量微小变化的反应越灵敏。

（2）量程　量程为所能转换的电压范围，如 5V、10V。

（3）转换精度　转换精度是指一个实际 A-D 转换器与一个理想 A-D 转换器在量化指标上的差值。

（4）转换时间　转换时间是指 A-D 转换器完成一次转换所需要的时间。

项目测试

一、填空题

1. ADC0809 是带有____位 A-D 转换器、____路多路开关以及微处理器兼容的控制逻辑的 CMOS 组件。

2. ADC0809 芯片的 IN0～IN7 引脚是 8 位模拟量输入引脚，若选取 IN2 作为模拟量输入

端，则 A、B、C 引脚应输入________信号。

3. 若单片机外接晶振频率是 12MHz，那么 ALE 引脚输出信号频率是____MHz。

4. 本项目中，若要将显示电压值范围定义到 0~1000mV，则可以将 “val =（adval * 250）/128;” 指令修改为________指令。

二、选择题

1. 模-数转换芯片 ADC0809，可以将________信号转换成________信号。(　　)

A. 数字、模拟　　B. 模拟、模拟　　C. 数字、数字　　D. 模拟、数字

2. 模-数转换芯片 ADC0809 的启动转换信号是（　　）

A. ALE　　B. EOC　　C. CLOCK　　D. START

3. 模-数转换芯片 ADC0809 的模拟量输入通道有______路。(　　)

A. 1　　B. 3　　C. 8　　D. 无数

4. A-D 转换子函数中，ADC0809 的 START、OE 信号清零后，短暂延时时间（　　）

A. 越长越好　　B. 越短越好

C. 符合转换时间就好　　D. 无所谓

5. 数-模转换芯片 DAC0832，可以将______信号转换成______信号。(　　)

A. 数字、模拟　　B. 模拟、模拟　　C. 数字、数字　　D. 模拟、数字

三、简答及应用

1. 试写出模-数转换芯片 ADC0809 的 A、B、C 引脚与模拟量输入通道的对应关系式。

2. 本项目中，若将输入电压调整为 12V，显示数值 0~1200mV，程序应该怎么修改？硬件电路是否需要修改？

项目评估

项目评估表

评价项目	评价内容	配分	评价标准	得分
电路分析	电路基础知识	10	掌握 ADC0809 电子芯片外形及引脚功能	
电路搭建	在实训台选择对应的模块及元器件	10	模块及元器件选择合理	
程序编制、调试、运行	指令学习	30	能正确理解条件运算符的意义　10 分	
			理解运算符的优先级和结核性的意义　10 分	
			能根据要求编写不同电压显示范围的程序　10 分	
	程序分析、设计	20	能正确分析程序功能　10 分	
			能根据要求设计功能相似程序　10 分	
	程序调试与运行	20	程序输入正确　5 分	
			程序编译仿真正确　5 分	
			能修改程序并分析　10 分	
安全文明生产	使用设备和工具	5	正确使用设备和工具	
团结协作意识	集体意识	5	各成员分工协作，积极参与	

项目十

调光台灯的制作

项目目标

通过调光台灯的制作，学习数-模转换的知识，利用 DAC0832 数-模转换芯片和 LED 发光二极管，模拟实现调光灯的功能。进一步掌握单片机控制外部器件的方法，能够编写较复杂的控制程序。

项目任务

应用 AT89S52 单片机芯片、DAC0832 数-模转换芯片和 LED 发光二极管，模拟实现 LED 灯光亮度的调节。设计控制电路并编写程序。

项目分析

在平常的读书、学习过程中，不合适的光线会对眼睛造成很大的伤害，而大量的电子产品，如手机、计算机、电视等，部分区域的强光也会给眼睛造成很大的负担。使用调光台灯可以根据房间光线的亮度调节光照度，保护我们的眼睛。本项目采用 DAC0832 芯片对单片机输出的数字信号进行转换，输出对应的模拟信号，经运放 LM358 输出一个单极性电压，控制 LED 发光二极管的亮度。

项目实施

一、硬件电路设计

（一）硬件电路设计思路

在实际调光台灯设计中，我们利用模-数转换的知识，将房间光照度这一模拟量通过相应的传感器转换成数字量，输入单片机进行处理。根据程序设计，单片机将接收到的信息与基准信息对比后，输出相应的数字量，控制灯的亮度。本项目我们以学习数-模转换为主，只设计单片机输出信号与数-模转换电路，通过一只发光二极管模拟调光台灯的控制。

（二）硬件电路设计相关知识

1. DAC0832 芯片的结构和引脚

DAC0832 芯片是一款价格低廉的 D-A 转换芯片，它具有 8 位分辨率，内部采用双缓冲

数据寄存器结构，电流型输出，典型稳定时间为 1μs，外部参考电压的范围为-10~10V，共 20 个引脚，外形和引脚分布如图 10-1 所示。

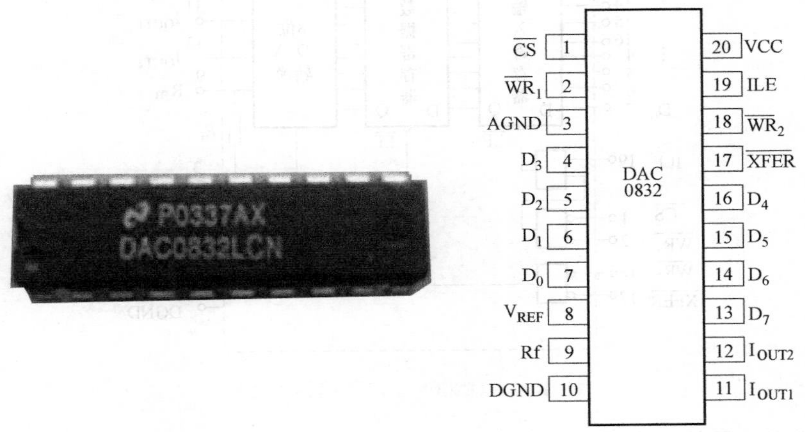

图 10-1　DAC0832 芯片的外形和引脚分布

DAC0832 芯片的引脚功能如下：

$D_0 \sim D_7$：转换数据输入端。

$\overline{CS}$：片选信号输入端，低电平有效。

ILE：数据锁存允许信号输入端，高电平有效。

$\overline{WR_1}$：第一信号输入端，低电平有效。

$\overline{WR_2}$：第二信号输入端，低电平有效。

$\overline{XFER}$：数据传送控制信号输入端，低电平有效。

I_{OUT1}：电流输出 1 端，当数据全为 1 时，输出电流最大；当数据全为 0 时，输出电流最小。

I_{OUT2}：电流输出 2 端。DAC0832 具有 $I_{OUT1}+I_{OUT2}$=常数的特性。

Rf：反馈电阻端。

V_{REF}：基准电压端，是外加的高精度电压源，它与芯片内的电阻网络相连接，电压范围为-10~10V。

VCC 和 GND：芯片的电源端和地端。

2. DAC0832 的结构

图 10-2 所示为 DAC0832 的内部结构示意图。从图中可知，DAC0832 内部由 1 个 8 位输入寄存器和 1 个 8 位 DAC 寄存器构成双缓冲结构，每个寄存器有独立的锁存使能端。其内部 8 位 DAC 是由一组 R-2R 梯形电阻网络和一组由 8 位 DAC 寄存器输出数字控制的电子开关网络构成的。

因为 DAC0832 中有两个可控制的锁存器（1 个 8 位输入寄存器和 1 个 8 位 DAC 寄存器），故 DAC0832 可以工作在双缓冲方式和单缓冲方式。

DAC0832 工作在双缓冲方式时，输入寄存器的锁存器信号和 DAC 寄存器的锁存信号分开控制。这种方式的特点是在输出模拟信号的同时，可以采集下一个数字量，这样能够有效

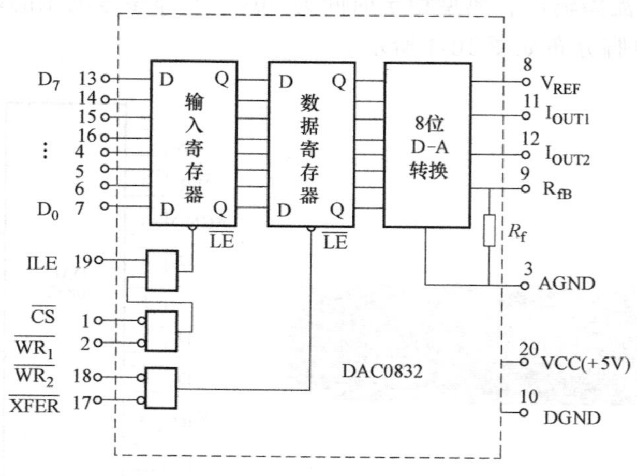

图 10-2 DAC0832 内部结构示意图

地提高转换速度。另外，有了两级锁存器，可以在多个 D-A 转换器同时工作时，利用第二级锁存信号实现多路 D-A 的同时输出。

DAC0832 工作在单缓冲方式时，单缓冲工作方式适用于只有一路模拟输出的场合。

3. LM358 运算放大器

LM358 是双运算集成放大电路，其内部结构和引脚如图 10-3 所示。它包括两个相互独立的、高增益、具有内部频率补偿的双运放模块，适用于电压范围很宽的单电源工作方式（3~30V）和双电源工作方式（±1.5~±15V）。

LM358 芯片的引脚功能如下：

1 脚为 1OUT 输出，2 脚为 1IN-输入，3 脚为 1IN+输入，4 脚为 GND 接地，5 脚为 2IN+输入，6 脚为 2IN-输入，7 脚为 2OUT 输出，8 脚为 VCC 电源输入。

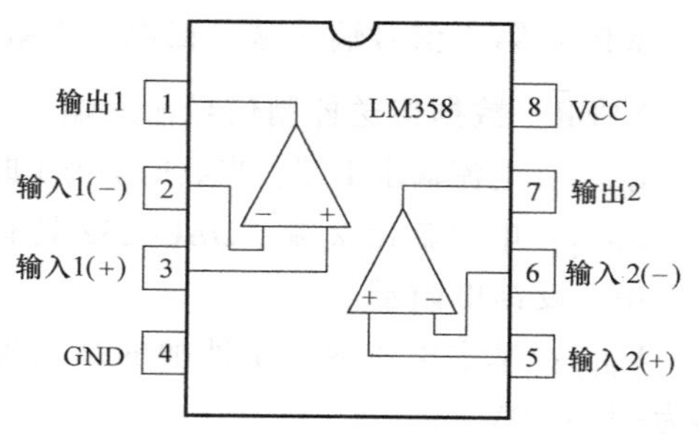

图 10-3 LM358 的内部结构和引脚

运放电路可以分为三种基本类型：同相运算放大电路、反相运算放大电路、差分放大电路。利用 LM358 可以实现三种运放电路的连接。

（1）同相运算放大电路　同相运算放大电路可以用于 V/I（电压转化为电流）电路，其基本结构如图 10-4 所示，

（2）反相运算放大电路　反相运算放大电路，又称反相器，这种电路可以用于 I/V（电流转化电压）电路，其基本结构如图 10-5 所示。

（3）差分放大电路　差分放大电路又称为减法器，其基本结构如图 10-6 所示。

4. 单片机与 DAC0832 的接口电路

DAC0832 带有数据输入寄存器，是总线兼容型，使用时可以将 D-A 芯片直接与单片机的数据总线相连，作为单片机一个扩展的 I/O 口。如图 10-7 所示，将 DAC0832 接成单缓冲工作方式。

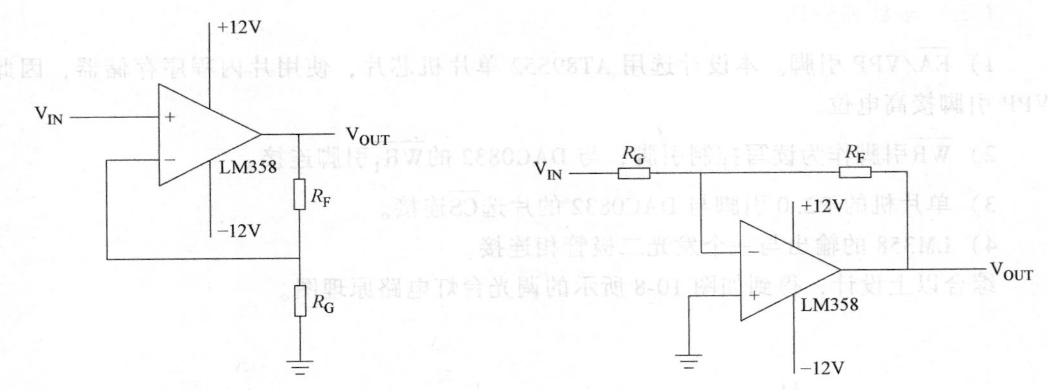

图 10-4 同相运算放大器电路　　图 10-5 反相运算放大器电路

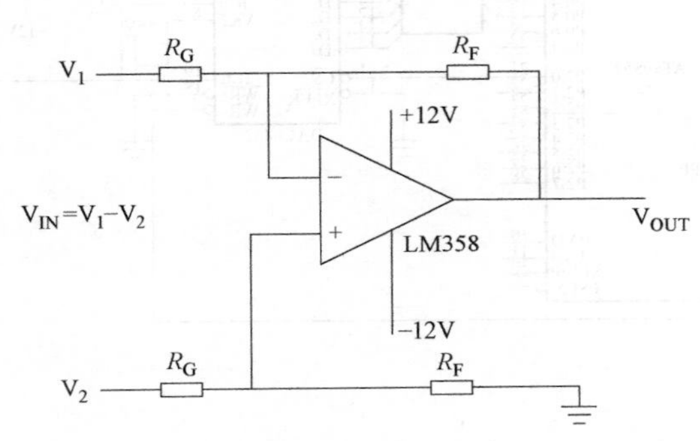

图 10-6 差分放大电路（减法器）

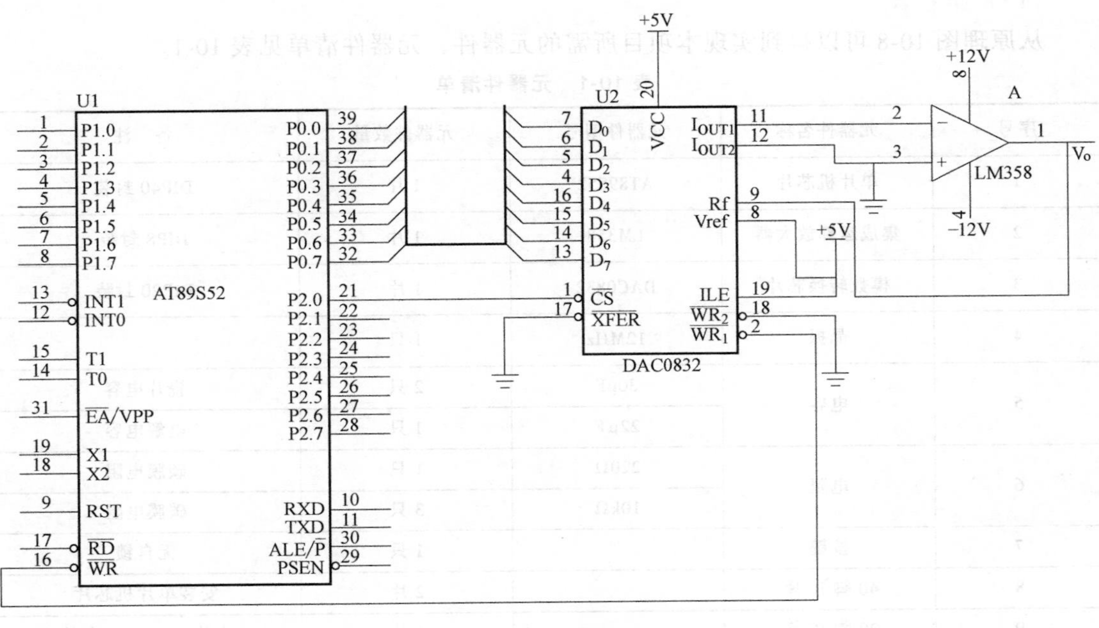

图 10-7 DAC0832 与单片机的接口电路

（三）电路原理图

1）$\overline{EA}$/VPP 引脚。本设计选用 AT89S52 单片机芯片，使用片内程序存储器，因此$\overline{EA}$/VPP 引脚接高电位。

2）$\overline{WR}$引脚作为读写控制引脚，与 DAC0832 的$\overline{WR_1}$引脚连接。

3）单片机的 P2.0 引脚与 DAC0832 的片选$\overline{CS}$连接。

4）LM358 的输出与一个发光二极管相连接。

综合以上设计，得到如图 10-8 所示的调光台灯电路原理图。

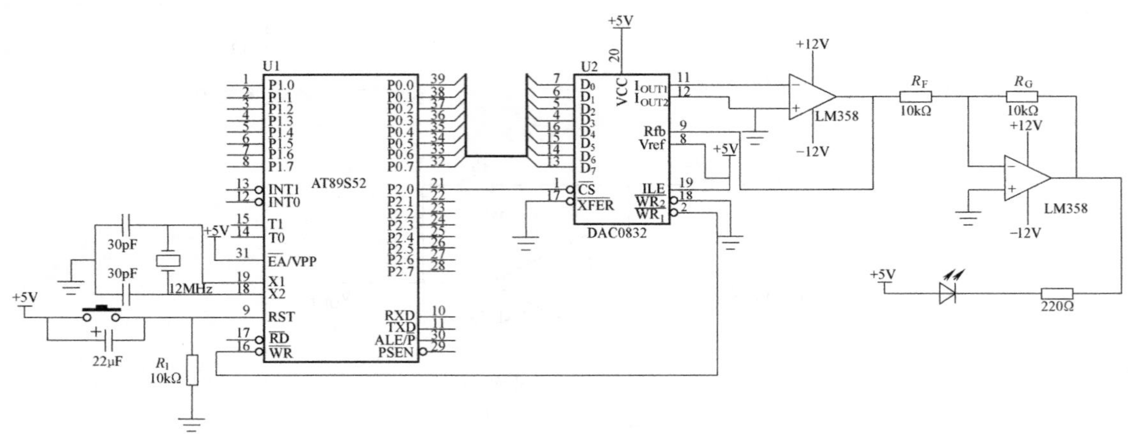

图 10-8　调光台灯电路原理图

（四）材料表

从原理图 10-8 可以得到实现本项目所需的元器件，元器件清单见表 10-1。

表 10-1　元器件清单

序号	元器件名称	元器件型号	元器件数量	备　注
1	单片机芯片	AT89S52	1 片	DIP40 封装
2	集成运算放大器	LM358	1 片	DIP8 封装
3	模数转换芯片	DAC0832	1 片	DIP20 封装
4	晶振	12MHz	1 只	
5	电容	30pF	2 只	瓷片电容
		22μF	1 只	电解电容
6	电阻	220Ω	1 只	碳膜电阻
		10kΩ	3 只	碳膜电阻
7	按键		1 只	无自锁
8	40 脚 IC 座		2 片	安装单片机芯片
9	20 脚 IC 座		1 片	安装 DAC0832 芯片
10	8 脚 IC 座		1 片	安装 LM358 芯片

二、控制程序编写

（一）绘制程序流程图

本项目采用定时器产生一定周期的脉冲波形，通过调节脉冲波形的占空比来调节 LED 灯的亮度，程序流程图如图 10-9 所示。

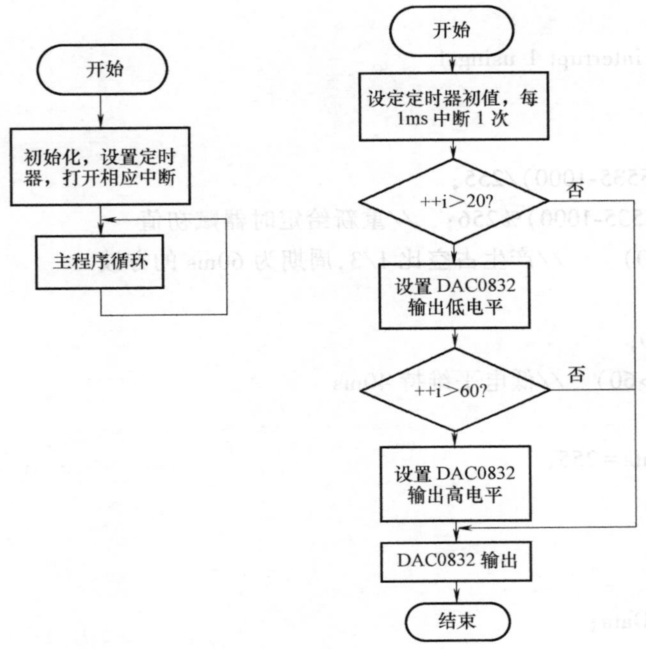

图 10-9 调光台灯程序流程图

（二）编写 C 语言程序

1. 参考程序清单

```
#include "reg52.h"        //包含 reg52.h 头文件
#include "absacc.h"       //包含 absacc.h 头文件
#define uchar unsigned char        //定义 8 位无符号字符型变量
#define uint unsigned int          //定义 16 位无符号整型变量
#define DACSC XBYTE[0xFEFF]   //定义 DAC0832 的口地址，当 P2.0 = 0 时，
DAC0832 工作
sbit cs=P2^0;  //DAC0832 的片选信号CS与单片机 P2.0 连接
sbit wr=P3^6;  //总线控制的写信号
uint i=0,Data=255;  //设置计数变量 i,初值为 0;数据变量 Data 初值为 255
void main( )
{
    TMOD=0x01;    //设置定时器工作在方式 1
    TH0=(65535-1000)/255;
```

```
TL0=(65535-1000)%256;  //设置定时器初值,每隔 1ms 中断 1 次
    EA=1;          //打开中断总允许
    ET0=1;       //打开定时器 1 中断允许
    TR0=1;       //起动定时器 0
    while(1);       //主循环
}
void Time0( )interrupt 1 using 1
{

    TH0=(65535-1000)/255;
    TL0=(65535-1000)%256;  //重新给定时器赋初值
    if(++i>20)        //产生占空比 1/3,周期为 60ms 的方波
    {
      Data=0;
      if(++i>60)  //低电平维持 40ms
      {
          Data=255;
        i=0;
        }
    }
    DACSC=Data;
}
```

2. 程序执行过程

单片机上电或复位后，程序自主函数开始执行。由于本项目主要是利用 DAC0832 进行数-模转换，因此主函数中，主要是设置定时器的工作方式“TMOD=0x01;”，给定时器赋初值“TH0=(65535-1000)/256;　TL0=(65535-1000)%256;”，打开相应的中断，启动定时器 T0。

进入 while（1）死循环后，就等待定时中断。

当定时器中断发生时，进入中断处理程序，首先重新赋初值，然后判断变量 i 的值，若其值小于 20，Data 值不变，为 255，输出高电平；若 i 的值大于 20 小于 60，Data 的值等于 0，输出低电平；若 i 的值大于 60，则 Data 再变为 255，输出高电平。

此程序的功能是通过改变 i 的取值，利用 DAC0832 输出占空比不同的脉冲波形，从而控制 LED 发光二极管的亮度。

（三）相关指令学习

1. a++与++a 的不同

在本项目参考程序中，语句 if（++i>20）与之前我们使用的 for(i=0; i<100; i++)中，++运算符的使用到底有什么不同，我们仔细来分析一下。

++在C语言中是自增运算符，但是++写在变量前和变量后，意义是不同的。

若写作i++，则表示先取值再加1；而写作++i则是先加1，再取值。

例如：
```
uint i=0;
uint j=++i;     //j=1，i=1
uint k=i++;     //k=0，i=1
```

从语句分析可以看出，j=++i是先将i加1，再赋值给j，所以i和j都是1。k=i++，则是先将i的值赋值给k，然后i再加1，所以k=0，i=1。

注意：在for(i=0；i<10；i++）和for(i=0；i<10；++i）语句中，结果是一样的，都是从0~9，没有区别。

2. 占空比的调节

占空比是指在一个脉冲循环内，通电时间相对于总时间所占的比例。方波的占空比为50%，说明高电平所占时间为0.5个周期。在本项目中，我们要调节DAC0832输出模拟信号的高低，只要使得输出波形的占空比有变化，就能使得LED发光二极管的亮度相应发生变化。例如：

```
if(++i>30)     //产生占空比1/2,周期为60ms的方波
  {
    Data=0;
    if(++i>60)  //低电平维持30ms
    {
      Data=255;
      i=0;
    }
  }
```

修改周期和对应的数据,进一步调节占空比,如下程序：

```
if(++i>60)      //产生占空比3/4,周期为80ms的方波
  {
    Data=0;
    if(++i>80)  //低电平维持20ms
    {
      Data=255;
      i=0;
    }
  }
```

三、程序仿真与调试

1）运行Keil软件并将源程序输入，以文件名lx10.c保存并添加到工程中，编译并检查

是否有语法错误直至编译通过。

2）利用ISP下载线或者串口，将编译生成的lx10.hex文件写入单片机芯片，运行程序，观察LED发光二极管的亮度变化。

3）修改程序中的相关数据，重新保存文件、编译、写入芯片并运行，观察LED发光二极管的亮度变化情况。

知识拓展

数模（D-A）转换技术

数模转换就是将离散的数字量转换为连续变化的模拟量。与数模转换相对应的就是模数转换，模数转换是数模转换的逆过程。下面，我们从转换器的分类、技术指标、模数转换的方法以及模数转换器的参数等方面来简单介绍一下。

一、转换器的分类

D-A转换器的内部电路构成没有太大差异，一般按输出电流还是电压、能否作乘法运算等进行分类。大多数D-A转换器由电阻阵列和n个电流开关（或电压开关）构成。按数字输入值切换开关，产生比例于输入值的电流或电压。此外，也有为了改善精度而把恒流源放入器件内部的。一般说来，由于电流开关的切换误差小，大多采用电流开关型电路。电流开关型电路如果直接输出生成电流，则为电流输出型D-A转换器。此外，若电压开关型电路直接输出电压则称为电压输出型D-A转换器。

1. 电压输出型

电压输出型D-A转换器虽有直接从电阻阵列输出电压的，但一般采用内置输出放大器以低阻抗输出。直接输出电压的器件仅用于高阻抗负载，由于无输出放大器部分的延迟，故常作为高速D-A转换器使用。

2. 电流输出型

电流输出型D-A转换器很少直接利用电流输出，大多外接电流—电压转换电路得到电压输出。后者有两种方法：一是只在输出引脚上接负载电阻而进行电流—电压转换，二是外接运算放大器。用负载电阻进行电流—电压转换的方法，虽可在电流输出引脚上出现电压信号，但必须在规定的输出电压范围内使用，而且由于输出阻抗高，所以一般外接运算放大器使用。此外，大部分CMOS D-A转换器当输出电压不为零时不能正确动作，所以必须外接运算放大器。当外接运算放大器进行电流—电压转换时，电路构成基本上与内置放大器的电压输出型相同，由于在D-A转换器的电流建立时间上加入了运算放大器的延迟，会使响应变慢。此外，这种电路中运算放大器因输出引脚的内部电容而容易引起振动，有时必须作相位补偿。

3. 乘算型

D-A转换器中有使用恒定基准电压的，也有在基准电压输入上加交流信号的，后者由于能得到数字输入和基准电压输入相乘的结果而输出，因而称为乘算型D-A转换器。乘算型D-A转换器一般不仅可以进行乘法运算，而且可以作为使输入信号数字化衰减的衰减器及对输入信号进行调制的调制器使用。

4. 一位 D-A 转换器

一位 D-A 转换器与前述转换方式全然不同，它将数字值转换为脉冲宽度调制或频率调制的输出，然后用数字滤波器作平均化处理而得到一般的电压输出（又称位流方式），用于音频等场合。

另外，按照输入数字信号的方式又分为串行 D-A 转换器和并行 D-A 转换器。

二、D-A 转换器原理

D-A 转换器输入的数字量是由二进制代码按数位组合起来表示的，任何一个 n 位的二进制数，均可用表达式

$$\text{Data}=d_0 2^0+d_1 2^1+d_2 2^2+\cdots+d_{n-1}2^{n-1}$$

来表示。其中 $d_i=0$ 或 1（$i=0$，1，$\cdots n-1$）；2^0，2^1，$\cdots 2^{n-1}$分别为对应数位的权。

在 D-A 转换中，要将数字量转换成模拟量，必须先把每一位代码按其“权”的大小转换成相应的模拟量，然后将各分量相加，其综合后就是与数字量相应的模拟量。

三、主要技术指标

1. 分辨率

分辨率（Resolution）指数字量变化一个最小量时模拟信号的变化量，通常以数字信号的位数来表示，一般为 8 位、10 位、12 位、16 位等。如 10 位 D-A 转换器的分辨率就是 10 位，或者说它可以对满量程 $1/2^{10}=1/1024$ 的增量做出相应反应。

2. 转换线性

转换线性也称非线性误差，是实际转换特性曲线与理想特性曲线之间的最大偏差。常用相对于满量程的百分数来表示。如±1%是指实际输出值与理论值的偏差在满刻度的±1%以内。

3. 绝对精度

绝对精度是指在整个刻度范围内，输入数码所对应的模拟量的实际输出值与理论输出值之间的最大误差。

4. 建立时间

建立时间是指输入数字量发生满刻度变化时，输出模拟信号达到满刻度值的±1/2LSB（输入数字量的最低有效位）所需时间，建立时间一般为几微秒到几毫秒。

项目测试

一、填空题

1. DAC0832 芯片是一款价格低廉的 D-A 转换芯片，它具有__位分辨率，内部采用________数据寄存器结构，______型输出，典型稳定时间为____μs，外部参考电压的范围为________。

2. DAC0832 工作在单缓冲方式时，适用于______路模拟输出的场合。

3. LM358 包括两个相互独立的、高增益、具有内部频率补偿的______模块，适用于电压范围很宽的单电源工作方式（3~30V）和双电源工作方式（±1.5~±15V）。

4. 运放电路可以分为三种基本类型：______放大电路、____放大电路、______放大电路。

5. DAC0832 带有数据输入寄存器，是______兼容型，使用时可以将 D-A 芯片______与单片机的数据总线相连，作为单片机一个扩展的______。

二、选择题

1. DAC0832 中有两个可控制的锁存器，故 DAC0832 可以工作在____方式。

A. 双缓冲方式　　B. 单缓冲方式

C. 双缓冲方式和单缓冲方式　　D. 不确定

2. DAC0832 工作在双缓冲方式时，输入寄存器的锁存器信号和 DAC 寄存器的锁存信号____控制。

A. 分开控制　　B. 统一控制

C. 先后控制　　D. 同时控制

3. LM358 是____运算集成放大电路。

A. 单　　B. 双　　C. 三　　D、四

4. 反相运算放大器电路，又称反相器，这种电路可以用于______电路。

A. I/V（电流转化电压）　　B. V/I（电压转化电流）

C. I/I（电流转化电流）　　D. V/V（电压转化电压）

5. 占空比是指在一个脉冲循环内，______时间相对于总时间所占的比例。

A. 断电　　B. 通电　　C. 低电平　　D. 0 信号

三、编程及问答

1. 根据项目中学习的内容，将灯光设置成从灭到最亮，再从最亮到灭连续变化的过程，并编写控制程序。

2. 设计一个单片机控制系统，利用 5V 电压模拟光线变化，0V 对应光线最暗，5V 对应光线最亮，使用 ADC0809 将电压转换成数字量输入单片机，经单片机处理后，输出数字量经 DAC0832 转换成模拟量，控制 LED 发光二极管的亮度。设计控制电路并编写控制程序。

项目评估

项目评估表

评价项目	评价内容	配分	评价标准	得分
电路分析	电路基础知识	10	掌握 DAC0832 集成电路外形及引脚功能	
电路搭建	在实训台选择对应的模块及元器件	10	模块及元器件选择合理	
程序编制、调试、运行	指令学习	30	能正确理解++i 和 i++的意义　10 分	
			理解运算符的优先级和结合性的意义　10 分	
			能根据要求编写发光二极管不同亮度的控制程序　10 分	
	程序分析、设计	20	能正确分析程序功能　10 分	
			能根据要求设计功能相似程序　10 分	
	程序调试与运行	20	程序输入正确　5 分	
			程序编译仿真正确　5 分	
			能修改程序并分析　10 分	
安全文明生产	使用设备和工具	5	正确使用设备和工具	
团结协作意识	集体意识	5	各成员分工协作，积极参与	

项目十一

交通信号灯模拟控制

项目目标

通过交通信号灯模拟控制系统，学习 MCS-51 型单片机 I/O 扩展技术，掌握 8255A 芯片的结构及编程方法，能够分析并编写控制程序。

项目任务

应用 AT89S52 芯片和 8255A 芯片，模拟城市交通信号灯的控制过程。设计电路并编程实现。

项目分析

我们生活的城市，道路纵横交错，四通八达。随着人们生活水平的提高，各种车辆的增加，也加剧了城市交通的负担。为了使我们生活的环境井然有序，街头随处可见的交通信号灯起到了重要的作用。本项目利用单片机 I/O 口扩展技术，结合 8255A 芯片，设计一个模拟交通灯控制系统。每个路口分别设计“红、黄、绿”三个信号灯，四个路口的十二个信号灯，由 8255A 的输出口控制。同时设置一个自动/手动切换开关，以备在交通拥堵时使用。

项目实施

一、硬件电路设计

（一）硬件电路设计思路

本设计通过 8255A 可编程的通用并行接口芯片，对 AT89S52 进行输入/输出口的扩展，其中 8255A 的每个功能寄存器地址都相当于一个 RAM 存储单元，单片机可以像访问外部存储器一样访问 8255A 接口芯片。

（二）硬件电路设计相关知识

1. 可编程并行接口芯片 8255A 的内部结构及其特性

8255A 是 Intel 公司生产的可编程并行 I/O 口接口芯片，它设有 3 个 8 位的并行 I/O 端口，分别为 PA、PB、PC 口，其中 PC 口又分为高 4 位和低 4 位两部分。它们都可通过软件编程来设置 I/O 口的工作方式。

8255A 是 40 引脚的双列直插式（DIP）组件，其外形及引脚如图 11-1 所示。

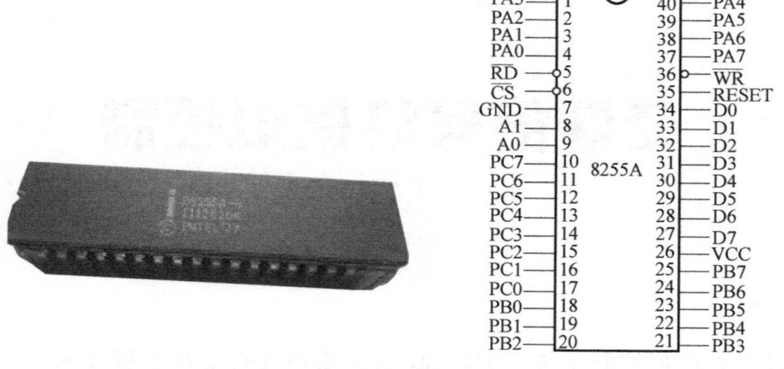

图 11-1　8255A 外形及引脚

2. 8255A 与 AT89S52 的连接

我们选用的是 AT89S52 单片机芯片，片内有 8KB 的程序存储器，由于单片机的 P0 口在扩展外部存储器时，可以进行地址/数据线复用，因此要在 P0 口连接一个 74LS373 锁存器芯片。然后在单片机的 P2 口选择三个引脚与 8255A 的控制引脚 A0、A1、$\overline{CS}$连接，再将单片机的$\overline{RD}$、$\overline{WR}$引脚与 8255A 的对应引脚进行连接就可以，硬件连接图如图 11-2 所示。

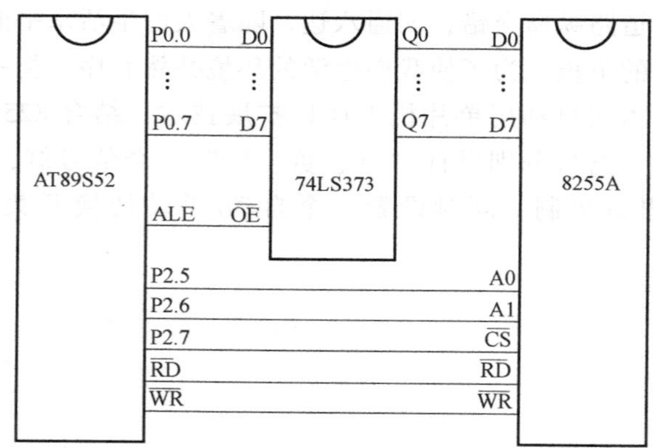

图 11-2　AT89S52 与 8255A 的硬件连接图

采用线选法寻址 8255A，即将 AT89S52 的 P2.7 接 8255 的$\overline{CS}$，作为 8255A 的片选信号，AT89S52 的 P0 口作为数据/地址线使用，P2 口的 P2.6、P2.5 与 8255A 的端口选择线 A1A0 连接，所以 8255A 的 PA 口、PB 口、PC 口、控制口的地址分别为 0x1fff（0001111111111111B——P2.7=0，8255A 工作；A1A0=00，选择 8255A 的 PA 口）、0x3fff（0011111111111111B——P2.7=0，8255A 工作；A1A0=01，选择 8255A 的 PB 口）、0x5fff（0101111111111111B——P2.7=0，8255A 工作；A1A0=10，选择 8255A 的 PC 口）、0x7fff（0111111111111111B——P2.7=0，8255A 工作；A1A0=11，选择 8255A 的控制寄存器）。

3. 交通信号灯电路

选用 12 只发光二极管模拟信号灯，分别有红、黄、绿三种颜色。为了进一步理解 8255A 各功能口的使用，选择 PA 口以及 PB 口的 PB. 0~PB. 3 共 12 个引脚，分别对 12 只发光二极管的亮灭进行控制；在 PC. 0 口连接一只开关，用作自动/手动运行的切换。开关断开时，交通灯自动运行；当开关闭合时，交通灯四个路口全部红灯，进入手动控制状态或人工指挥模式。

4. 控制电路

1）$\overline{EA}$/VPP 引脚。本设计选用 AT89S52 单片机芯片，使用片内程序存储器，因此 $\overline{EA}$/VPP引脚接高电位。

2）RESET 引脚。AT89S52 芯片的 RST 引脚与 8255A 的 RESET 引脚连接，以保证系统可靠复位。

3）ALE 引脚。本项目中使用此引脚的“地址锁存允许信号”功能，ALE 引脚与 74LS373 锁存器的允许端 OE 连接。

4）$\overline{RD}$、$\overline{WR}$引脚作为读写控制引脚，与 8255A 的对应引脚连接。

（三）电路原理图

综合以上设计，得到如图 11-3 所示的交通灯电路原理图。

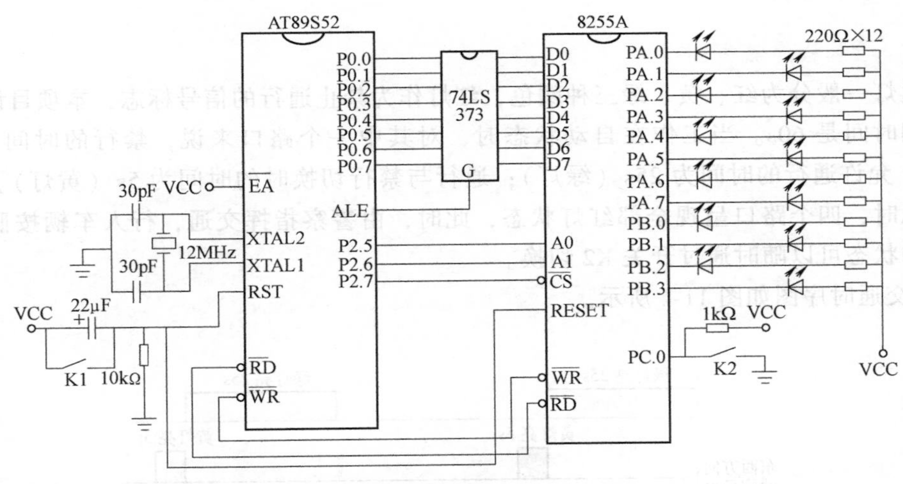

图 11-3　交通灯电路原理图

（四）材料表

从原理图 11-3 可以得到实现本项目所需的元器件，元器件清单见表 11-1。

表 11-1　元器件清单

序号	元器件名称	元器件型号	元器件数量	备　注
1	单片机芯片	AT89S52	1 片	DIP40 封装
2	锁存器	74LS373	1 片	DIP20 封装

（续）

序号	元器件名称	元器件型号	元器件数量	备　注
3	并行接口芯片	8255A	1片	DIP40封装
4	发光二极管	$\phi5$	12只	普通型，红、黄、绿各4只
5	晶振	12MHz	1只	
6	电容	30pF	2只	瓷片电容
		22μF	1只	电解电容
7	电阻	220Ω	12只	碳膜电阻
		10kΩ	1只	碳膜电阻
		1kΩ	1只	碳膜电阻
8	按键		2只	无自锁
9	40脚IC座		2片	安装单片机芯片和8255A芯片
10	20脚IC座		1片	安装锁存器芯片

二、控制程序编写

（一）绘制程序流程图

交通灯一般分为红、黄、绿三种颜色，红灯作为禁止通行的信号标志，本项目设置运行一个周期时间是60s。当工作在自动状态时，对其中一个路口来说，禁行的时间设为30s（红灯）；允许通行的时间为25s（绿灯）；通行与禁行切换时的时间为5s（黄灯）。若遇到特殊情况时，四个路口呈现全部红灯状态，此时，由警察指挥交通，行人车辆按照指挥通行。两种状态可以随时通过开关K2切换。

1）交通时序图如图11-4所示。

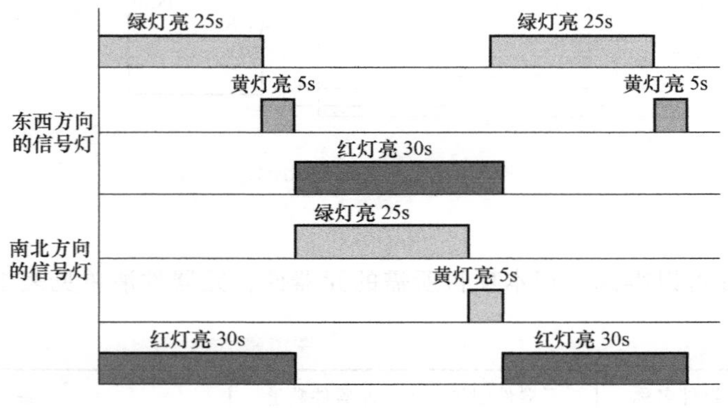

图11-4　交通时序图

2）信号灯的控制状态与8255A输出对应数据表见表11-2。（1——不亮　　0——亮）

表 11-2　信号灯状态对应数据表

方向	北			西			南			东			代码
灯	绿	黄	红	绿	黄	红	绿	黄	红	绿	黄	红	
信号灯	PB.3	PB.2	PB.1	PB.0	PA.7	PA.6	PA.5	PA.4	PA.3	PA.2	PA.1	PA.0	
初始 （红灯全亮）	1	1	0	1	1	0	1	1	0	1	1	0	B 口:0x0d A 口:0xb6
东西绿 南北红	1	1	0	0	1	1	1	1	0	0	1	1	B 口:0x0c A 口:0xf3
东西黄 南北红	1	1	0	1	0	1	1	1	1	0	0	1	B 口:0x0d A 口:0x75
东西红 南北绿	0	1	1	1	1	0	0	1	1	1	1	0	B 口:0x07 A 口:0x9e
东西红 南北黄	1	0	1	1	1	0	1	0	1	1	1	0	B 口:0x0b A 口:0xae

3）交通灯管理程序流程图如图 11-5 所示。

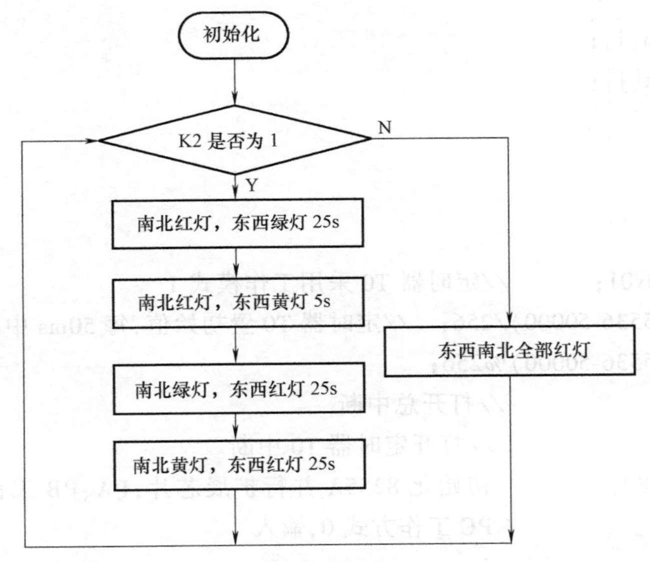

图 11-5　程序流程图

（二）编写 C 语言程序

1. 参考程序清单

```
#include<reg52.h>          //包含 reg52.h 头文件,说明了 AT89S52 芯片中所拥有的特
                              殊功能寄存器和可寻址标志位
#include<absacc.h>        //包含 absacc.h 头文件,定义了一些不带参数的宏,所定义的
                              这些宏就是提供用户直接使用的。程序中用到了宏 XBYTE,
                              用户可以直接访问地址确定的 8255A 芯片
```

```
#define PA XBYTE[0x1fff]//定义的 8255A 的 PA 口
#define PB XBYTE[0x3fff]// 定义的 8255A 的 PB 口
#define PC XBYTE[0x5fff]// 定义的 8255A 的 PC 口
#define COM XBYTE[0x7fff]// 定义的 8255A 的命令寄存器地址
#define uchar unsigned char
#define uint unsigned int
uchar code taba[5] = { 0xf3,0x75,0x9e,0xae,0xb6}   //定义 PA 口的数据
uchar code tabb[5] = { 0x0c,0x0d,0x07,0x0b,0x0d }//定义 PB 口的数据
uchar i,j;//定义 PA、PB 显示索引
uchar k,m,n,key;   //定义按键标志变量 k,对交通灯运行状态进行判定;定义秒定时
                    变量 m,对 1s 定时时间进行判定;定义时间变量 m,对各运行定
                    状态时间进行判定;按键状态变量 key
void deng( )
{
    while(1)
    {
    PA= taba[i];
    PB= taba[j];
    }
}
void initial( )
{
    TMOD=0x01;          //定时器 T0 采用工作模式 1
    TH0=(65536-50000)/256;  //定时器 T0 置初始值,每 50ms 中断一次
    TH0=(65536-50000)%256;
    EA=1;               //打开总中断
    ET0=1;              //打开定时器 T0 中断
    COM=0x89;           //初始化 8255A 并行扩展芯片,PA、PB 工作方式为 0,输出,
                          PC 工作方式 0,输入
                  }
void scan( )
{
    uint c;
    key=PC&&0x01;
    if(key= =0x00)
    {
      for(c=1000;c>0;c--);
      key=PC&&0x01;
```

```
    if(key==0x00)
       i=4;
       j=4;
       TR0=1;//关掉定时器 T0
     }
     TR0=0; //启动定时器 T0
 }
void  main()
 {
     initial();
     while(1)
     {
     scan();
     deng();
     }
 }
void timer0()interrupt 1
 {
     TH0=(65536-50000)/256;  //每隔 50ms 中断一次,必须对定时器 0 重新赋初值
     TH0=(65536-50000)%256;
     k++;
     if(k==20)
     {
       k=0;
       m++;
       if(m==25)
       {
         i++;
         j++;
       }
       if(m==30)
       {
         i++;
         j++;
       }
       if(m==55)
       {
         i++;
```

```
        j++;
      }
      if(m==60)
      {
         i=0;
         j=0;
      }
    }
}
```

2. 程序执行过程

单片机上电或执行复位操作后，程序自主函数开始执行。执行主函数前，根据相关语句进行头文件、数据符号、控制设置定义。

程序进入主函数，先执行初始化子函数 initial ( )。函数中，TMOD=0x01 定义了定时器的工作模式；“TH0=(65536-50000)/256；TH0=(65536-50000)%256；”设置了定时器初值，每隔 50ms 中断一次；“EA=1；ET0=1；”进行了中断的有关设定；COM=0x89，定义了 8255A 的工作模式。执行完这个子函数，就完成了程序的初始化过程。每次执行程序时，初始化执行一次即可，因此把这个子函数放在大循环外面。

进入 while (1) 大循环后，执行两个子函数——扫描按键子函数和交通灯显示子函数。

扫描按键子函数 scan ( )：先定义一个用来进行延时去抖动的变量 c；然后读 8255PC 口的状态并和 0x01 进行与操作，将结果赋给变量 key，目的是判断 PC.0 位上连接的按键的状态；若 PC.0 为 0，表示无按键按下，程序跳转到最后一条 TR0=1，开定时器，交通灯进行自动运行。若 PC.0 为 1，表示有按键按下，进入 if 语句的内部执行：第一条指令是起到延时消抖的作用；延时后，再读取 PC.0 的状态并判断，若仍为 0，说明是一次有效的按键操作；将显示数据 i=4，j=4，即可显示四个路口红灯全亮的状态；然后将定时器关闭 TR0=0。若延时后 PC.0 不为 0，判断此次为无效操作，退出当前的 if 循环。

交通灯显示子函数 deng ( )：本函数只是读取数据并送到对应的 PA、PB 口显示状态。

一旦中断时间到 (50ms)，程序自动转入中断处理函数。进入中断处理函数后，定时器内容由于发生中断已经清零，若还需定时 50ms，则需要重新赋初值。第三条指令将计数变量 k 加 1。第四条是 if 语句，判断计数变量是否满 20，如果没有到 20，说明还没有到 1s，程序直接跳出本中断函数，返回主函数；如果到了 20，说明 (20×50ms) 1s 时间到，则进入 if 语句的循环体执行程序。进入 if 语句的循环体后，先将计时变量 k 清零，以便为下一秒计时做好准备；然后将时间变量 m 加 1，实现计时的功能。时间变量 m 加 1 后，还要判断 25s 计时是否已到，又用到了一个 if 语句，来判断时间变量 m 是否等于 25，若不等于 25，说明交通灯第一个状态定时时间没有到，则退出当前循环体，跳出中断函数，返回主函数；若等于 25，说明 25s 计时时间到，则进入这个 if 语句的循环体执行程序。进入循环体后，i、j 加 1，进入下一个状态的显示。后续的几个 if 语句功能基本相同。

程序返回主函数后，继续执行两个子函数。

（三）相关指令学习——C语言状态机实现技术

有限状态机是一种用来进行对象行为建模的工具，其作用主要是描述对象在它的生命周期内所经历的状态序列，以及如何响应来自外界的各种事件。有限状态机（FSM）是软件领域中一种重要工具。它可以用作程序的控制结构，对于那些基于输入的、在几个不同的可选动作中进行循环的程序尤其合适。

1. 基于switch（状态）的实现

在实现有限状态机时，使用switch语句是最简单，也是最直接的一种方式，其基本思路是设若干个变量保存当前状态，针对每个状态switch-case根据输入信号进行判断，分别处理。

下面是密码锁的参考程序，连续输入9627就可以通过密码测试。

```
#include <stdio.h>       /*包含stdio.h头文件,stdio.h是有关标准输入输出的信息,其
                         中printf()、scanf()和getchar()是此头文件中的标准输入输出
                         函数*/
#include <stdlib.h>       /*包含stdlib.h头文件,stdlib.h是标准库头文件,其中printf
                         ()和scanf()是此头文件中的两个标准输入输出函数*/
#include <string.h>       /*包含string.h头文件,string.h是标准库头文件,在使用到字
                         符数组时需要使用其中printf()和scanf()是此头文件中的两
                         个标准输入输出函数*/
typedef enum        /*利用枚举型数据结构,用STATE定义状态变量,变量名分别是
                    STATE0、STATE1、STATE2、STATE3、STATE4,取值STATE0为0,其后
                    面的依次加1*/
{
    STATE0 = 0,
    STATE1,
    STATE2,
    STATE3,
    STATE4,
}STATE;
typedef enum        /*利用枚举型数据结构,用INPUT定义输入密码变量,变量名分别是
                    INPUT1、INPUT2、INPUT3、INPUT4,取值INPUT1为9,INPUT2为6,
                    INPUT3为2,INPUT4为7*/
{
    INPUT1 = '9',
    INPUT2 = '6',
    INPUT3 = '2',
    INPUT4 = '7',
}INPUT;
int main()
{
```

```
char ch;
    STATE current_state = STATE0;
    while(1)
    {
printf("please input number to decode:");
while((ch = getchar())! ='\n')    /*getchar()直接从键盘获得数值,只要用户按下
                                    一个键,就立刻返回用户输入的ASCII码给ch,如
                                    果获得的不是'\n'(回车符),就执行循环,否则退
                                    出循环出错返回1*/
{
    if((ch<'0')||(ch>'9'))          //如果输入数字不在0~9之间
    {
        printf("not number, please input again! /n");  //输出"not number, please
                                                          input again!"
        break;    //跳出循环
    }
    switch(current_state)   //根据current_state的值,进入不同的case状态
    {
        case STATE0:
        if(ch == '9') current_state = STATE1;    .//
        break;      //跳出switch
        case STATE1:
        if(ch == '6') current_state = STATE2;
        break;      //跳出switch
        case STATE2:
        if(ch == '2') current_state = STATE3;
        break;      //跳出switch
        case STATE3:
        if(ch == '7') current_state = STATE4;
        break;      //跳出switch
        default:
        current_state = STATE0;
        break;      //跳出switch
    }
  }
if(current_state == STATE4)
  {
    printf("correct, lock is open! /n");
```

```
current_state = STATE0;
        }
else
        {
        printf("wrong, unlocked! /n");
        current_state = STATE0;
        }
    break;
    }
    return 0;
}
```

2. 使用函数指针的有限状态机的应用

我们平时使用的数组元素大多数是数字或者字符，一般称为整型数组或者字符型数组，而结构体数组就是数组的元素是结构体，其本质是仍然是一个数组。

一个函数在编译时被分配一个入口地址，这个入口地址就称为函数指针。指针可以指向整型变量、字符型变量以及数组，也可以指向一个函数。函数指针是一个指向函数的指针。函数指针可以像一般函数一样，用于调用函数、传递参数，但是只能指向具有特定特征的函数，因而所有被同一指针运用的函数必须具有相同的参数和返回类型。

下面是使用函数指针实现的基于状态机的密码锁参考程序，连续输入 9627 就可以通过密码测试。

```
#include <stdio.h>
#include <stdlib.h>
#include <string.h>      //包含相关的头文件
===============//定义密码锁处理函数的函数指针类型=============
typedef void( * lock_func_temp)(char x);
typedef lock_func_temp( * lock_func)(char c);
lock_func state;
===============//函数声明队列,交叉引用才不会出错=============
lock_func init_state(char ch);
lock_func state1(char ch);
lock_func state2(char ch);
lock_func state3(char ch);
lock_func state4(char ch);
=========================//初始状态=====================
lock_func init_state(char ch)
{
```

```
if((ch<'0')||(ch>'9'))
        return NULL;
    else
        return state1(ch);
}
=======================//状态 1=======================
lock_funcstate1(char ch)
{
    if(ch=='9')
    {
        return state2;
    }
    else
    {
        return init_state;
    }
}
=======================//状态 2=======================
lock_funcstate2(char ch)
{
    if(ch=='6')
    {
        return state3;
    }
    else
    {
        return init_state;
    }
}
=======================//状态 3=======================
lock_funcstate3(char ch)
{
    if(ch=='2')
    {
        return state4;
    }
    else
    {
```

```
        return init_state;
    }
}
=======================//状态4=====================
lock_funcstate4(char ch)
{
    if(ch=='7')
    {
        printf("Correct,lock ic open! \n");
        return NULL; //通过返回 NULL(return NULL)表达结束状态
    }
    else
    {
        return init_state;
    }
}
=======================//状态转换 ====================
void lock_handle(void)
{
    char ch;
    state=init_state;
    while(state)
    {
        ch=getchar( );
        state=( * state)(ch);
    }
}
=======================//主函数 =====================
int main( )
{
    lock_handle( );
}
```

三、程序仿真与调试

1）运行 Keil 软件并将源程序输入，以文件名 lx11. c 保存并添加到工程中，编译并检查是否有语法错误直至编译通过。

2）利用 ISP 下载线或者串口将编译生成的 lx11. hex 文件写入单片机芯片，运行程序，观察 12 只发光二极管的亮灭情况。

3）结合实际生活中交通灯的控制现象——绿灯闪烁 3 次切换为黄灯，修改源程序，重新保存文件、编译、写入芯片并运行，观察控制现象。

知识拓展

可编程并行接口芯片 8255A

8255A 是 Intel 公司生产的通用可编程并行 I/O 接口芯片，AT89S52 与其相连可为外设提供三个 8 位 I/O 端口，可采用同步、查询和中断方式传送 I/O 数据。

1. 8255A 的基本特性

1）具有两个 8 位（A 口和 B 口）和两个 4 位（C 口高/低四位）并行输入/输出端口，C 口可按位操作。

2）具有 3 种工作方式。

方式 0：基本输入/输出（A，B，C 口均有）；

方式 1：选通输入/输出（A，B 口具有）；

方式 2：双向选通输入/输出（A 口具有）。

3）可用程序设置各种工作方式并查询各种工作状态。

4）在方式 1 和方式 2 时，C 口作 A 口、B 口的联络口。

5）内部有控制寄存器、状态寄存器和数据寄存器可供 CPU 访问。

6）有中断申请能力，但无中断管理能力。

7）40 根引脚，+5V 供电，与 TTL 电平兼容。

2. 8255A 的外部引线与内部结构

8255A 是+5V 电源供电，40 个引脚的双列直插式组件，其内部结构和外部引线如图11-6所示。

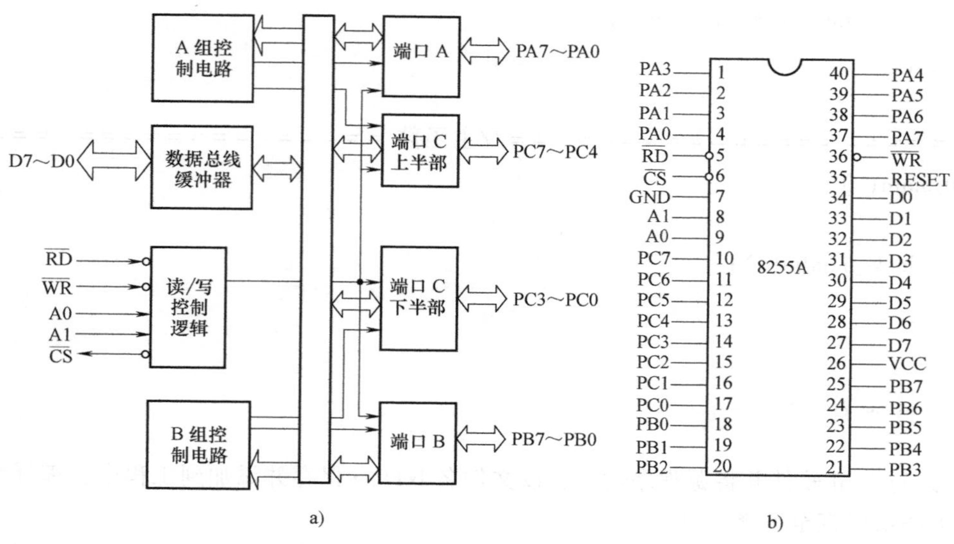

图 11-6 8255A 内部结构和外部引线

(1) 外部引线 作为接口电路使用的8255A具有面向主机系统总线和面向外设两个方向的连接能力，它的引脚正是为了满足这种连接要求而设置的。

1) 面向系统总线的信号线有以下几种。

D7~D0：双向数据线。CPU通过它向8255A发送命令、数据；8255A通过它向CPU回送状态、数据。

$\overline{CS}$：选片信号线，该信号低电平有效，由系统地址总线经I/O地址译码器产生。CPU通过发高位地址信号使它变成低电平时，才能对8255A进行读写操作。当$\overline{CS}$为高电平时，切断CPU与芯片的联系。

A1、A0：芯片内部端口地址信号线，与系统地址总线低位相连。该信号用来寻址8255A内部寄存器。两位地址，可形成片内4个端口地址。

$\overline{RD}$：读信号线，该信号低电平有效。CPU通过执行IN指令，发读信号将数据或状态信号从8255A读至CPU。

$\overline{WR}$：写信号线，该信号低电平有效。CPU通过执行OUT指令，发写信号，将命令代码或数据写入8255A。

RESET：复位信号线，该信号高电平有效。它清除控制寄存器并将8255A的A、B、C3个端口均置为输入方式；输出寄存器和状态寄存器被复位，并且屏蔽中断请求；24条面向外设的信号线呈现高阻悬浮状态。这种状态一直维持，直到用方式命令才能改变，使其进入用户所需的工作方式。

2) 面向I/O设备的信号线有以下几种。

PA0~PA7：端口A的输入/输出线

PB0~PB7：端口B的输入/输出线

PC0~PC7：端口C的输入/输出线

这24根信号线均可用来连接I/O设备，通过它们可以传送数字量信息或开关量信息。

(2) 8255A的内部结构 8255A的内部结构如图11-6a所示，它主要由以下4个部分组成：

1) 数据总线缓冲器。这是一个三态双向8位缓冲器，它是8255A与CPU系统数据总线的接口。所有数据的发送与接收，以及CPU发出的控制字和8255A的状态信息都是通过该缓冲器传送的。

2) 读/写控制逻辑。读/写控制逻辑由读信号$\overline{RD}$，写信号$\overline{WR}$，选片信号$\overline{CS}$以及端口选择信号A1、A0等组成。它控制了总线的开放与关闭和信息传送的方向，以便把CPU的控制命令或输出数据送到相应的端口，或把外设的信息或输入数据从相应的端口送到CPU。

3) 数据端口A、B、C。8255A包括3个8位输入/输出端口（POPT）。每个端口都有一个数据输入寄存器和一个数据输出寄存器，输入时端口有三态缓冲器的功能，输出时端口有数据锁存器功能。在实际应用中，PC口的8位可以分为两个4位端口（方式0下），也可以分成一个5位端口和一个3位端口（方式1下）来使用。

4) A组和B组控制电路。控制A、B和C 3个端口的工作方式，A组控制A口和C口的上半部（PC7~PC4），B组控制B口和C口的下半部（PC3~PC0）的工作方式和输入/输出。A组、B组的控制寄存器还接收按位控制命令，以实现对C口的按位置位/复位操作。

3. 8255A的编程命令

8255A的编程命令包括工作方式控制字和PC口的按位置位/复位控制字两个命令，它们是用户使用8255A来组建各种接口电路的重要工具。

由于这两个命令都是送到8255A的同一个控制端口，为了让8255A能识别是哪个命令，故采用特征位的方法。若写入的控制字的最高位D7=1，则是工作方式控制字；若写入的控制字最高位D7=0，则是PC口的按位置位/复位控制字。

（1）工作方式控制字　作用：指定3个并行端口（PA、PB、PC）是作输入端口还是作输出端口以及选择8255的工作方式。工作方式控制字格式及每位的定义见表11-3。由表11-3可看出A口可工作于方式0、1、2；B口只能工作于方式0、1。

注意：在方式1、2下，C口分别作为A口和B口的联络信号线使用，但0对C口的定义（输入或输出）不会影响C口的作用。

表11-3　8255A工作方式控制字格式及定义

位	1	D6	D5	D4	D3	D2	D1	D0
格式及定义	特征位	A组方式		A口	C7~C4	B组方式	B口	C3~C0
		00=0方式		0=输出	0=输出	0=0方式	0=输出	0=输出
		01=1方式		1=输入	1=输入	1=1方式	1=输入	1=输入
		10=2方式						

（2）PC口按位置位/复位控制字　作用：指定PC口的某一位输出高电平还是低电平。其控制字格式及每位的定义见表11-4。

表11-4　8255A PC口按位置位/复位控制字格式及定义

位	0	D6	D5	D4	D3	D2	D1	D0
格式及定义	特征位	不用			C口位选择			1=置位
					000=C口0位PC0			0=复位
					001=C口1位PC1			
					……			
					111=C口7位PC7			

按位置位/复位命令产生的输出信号，可作为控制开关的通/断、继电器的吸合/释放、电动机的起/停等操作的选通信号。

【例11-1】 将A口指定为方式1，输入；B口指定为方式0，输出；C口上半部定为输出；C口下半部定为输入。于是，工作方式控制字是：10110001B或0xb1。

若将此控制字的内容写到8255A的控制寄存器，即实现了对8255A工作方式的指定，或叫作完成了对8255A的初始化。将P2.6与8255A的A1连接，将P2.5与8255A的A0连接，将P2.7与8255A的片选信号CS连接，初始化的程序为

```
#define PA   XBYTE[0x1fff]
#define PB   XBYTE[0x3fff]
#define PC   XBYTE[0x5fff]
```

```
#define COM XBYTE[0x7fff]
sbit cs=P2^7;
……
void Initial()        //初始化子函数
{
TMOD=0xb1;
……
}
```

【例 11-2】 把 C 口的 PC2 置 1，则命令字应该为 00000101B 或 0x05（连接方式同例 1）。

将该命令字的内容写入 8255A 的命令寄存器，就实现了将 PC 口的 PC2 引脚置位的操作，初始化的程序为

```
#define PA   XBYTE[0x1fff]
#define PB   XBYTE[0x3fff]
#define PC   XBYTE[0x5fff]
#define COM XBYTE[0x7fff]
sbit cs=P2^7;
……
void Initial()        //初始化子函数
{
……
COM=0xb1;
……
}
```

项目测试

一、填空题

1. C 语言中的逻辑值真是用____表示的，逻辑值假是用____表示的。

2. 8255A 的内部控制电路还可以分成两组：A 组和 B 组。其中 A 组控制的对象是________________，B 组控制的对象是________________。

3. 8255A 的每个功能寄存器口地址都相当于一个______存储单元，单片机可以像访问外部存储器一样访问 8255A 的__________。

4. 8255A 的 3 个并行口有______种工作方式，其中方式______是基本的输入/输出方式。

二、选择题

1. 8255A 的 PC 口可以单独进行位操作，若要使得 PC.7=1，下面哪条指令是正确的（　　）。

A. COM＝0x0f　　B. COM＝0x01　　C. COM＝0x81　　D. COM＝0x8f

2. 在通用可编程并行接口芯片 8255A 中，用于传输数据的 8 位 I/O 端口共有（　　）。

A. 1 个　　B. 2 个　　C. 3 个　　D. 4 个

三、问答及编程

1. 简要回答 8255A 与单片机芯片连接的方式。

2. 若将 8255A 的 A1、A0 与单片机芯片 AT89S52 的 P2.1、P2.0 连接，8255A 的 CS 与 AT89S52 的 P2.7 连接，如何得到各个端口的地址？

3. 将本项目增加两个数码管，用来显示倒计时时间，如何实现？设计电路并编程实现。

项目评估

项目评估表

评价项目	评价内容	配分	评价标准	得分
电路分析	电路基础知识	10	掌握 8255A 芯片外形及引脚功能	
电路搭建	在实训台选择对应模块及元器件	10	模块及元器件选择合理	
程序编制、调试、运行	指令学习	30	能正确理解有限状态机及其应用的意义　10 分	
			理解 switch-case 及函数指针的意义　10 分	
			能根据要求编写循环周期不同的程序　10 分	
	程序分析、设计	20	能正确分析程序功能　10 分	
			能根据要求设计功能相似程序　10 分	
	程序调试与运行	20	程序输入正确　5 分	
			程序编译仿真正确　5 分	
			能修改程序并分析　10 分	
安全文明生产	使用设备和工具	5	正确使用设备和工具	
团结协作意识	集体意识	5	各成员分工协作，积极参与	

项目十二

单片机的串行通信

项目目标

通过单片机与PC之间进行串行数据传送，学习RS-232C串行接口标准以及MAX232接口芯片的使用方法，掌握串行通信的硬件电路及程序编写，能够进行单片机串行通信的相关设置。

项目任务

要求应用一个单片机系统以及MAX232接口芯片，实现单片机与PC之间的串行数据传送。PC发送给单片机的数据使用1位LED数码管显示，单片机上传给PC的数据，通过串口助手显示。设计单片机控制电路并编程实现。

项目分析

本项目通过MAX232芯片，将单片机的全双工串行口转换成标准的RS-232C接口，在单片机系统与PC之间进行数据传送，传送的数据通过1位LED数码管显示。

项目实施

一、串行通信的硬件电路设计

(一) 硬件电路设计思路

利用MAX232接口芯片，将单片机系统通过串行数据线与PC的串口连接，在两个系统之间进行数据传送。利用单片机系统的1位LED数码管显示PC传送的数据；同时还可以利用串口调试助手，在PC上显示单片机上传的数据。

(二) 硬件电路图设计相关知识

1. MCS-51型单片机的串行接口

MCS-51型单片机有一个全双工串行接口，通过引脚TXD（P3.1）向外串行发送数据，通过引脚RXD（P3.0）串行接收数据。SBUF是串行口缓冲寄存器，包括发送寄存器和接收寄存器。发送寄存器与接收寄存器相互独立，名称、地址相同，但对其操作时却不会发生冲突，因为它们一个只能被CPU读出数据，一个只能被CPU写入数据。

（1）串行口控制寄存器　MCS-51 型单片机串行口设有两个控制寄存器：串行口控制寄存器 SCON 和电源控制寄存器 PCON。

1）串行口控制寄存器 SCON。SCON 是一个可位寻址的专用寄存器，用于设定串行口的工作方式、接收发送控制以及设置状态标志。其位名称及位符号见表 12-1。

表 12-1　SCON 寄存器位名称及位符号

位名称	工作方式选择		多机通信控制	允许串行接收	发送数据第 8 位	接收数据第 8 位	发送中断标志	接收中断标志
位符号	SM0	SM1	SM2	REN	TB8	RB8	TI	RI

SM0、SM1：串行口工作方式选择位。共有四种工作方式，见表 12-2，其中 f_{osc} 是晶振频率，UART 是通用异步接收和发送器的缩写。

表 12-2　串行口工作方式

SM0、SM1	方式	功能	波特率
00	0	8 位同步移位寄存器	$f_{osc}/12$
01	1	10 位 UART	可变
10	2	11 位 UART	$f_{osc}/64$ 或 $f_{osc}/32$
11	3	11 位 UART	可变

SM2：多机通信控制位。在方式 0 时，SM2 必须是 0；在方式 1 时，若 SM2 = 1，则只有接收到有效停止位时，接收中断标志 RI 才被置 1；在方式 2 或 3 时，当 SM2 = 1，且接收到的第 9 位数据 RBS = 1 时，RI 才被置 1。

REN：允许串行接收位。由软件置位或清零。REN = 1，允许接收串行输入数据；REN = 0，禁止接收。

TB8：发送数据的第 8 位。在方式 2 或 3 中，它是发送的第 8 位数据，根据需要由软件置位或清零。可约定作奇偶校验位，或在多机通信中作为区别地址帧和数据帧的标志位。

RB8：接收数据的第 8 位。在方式 0 中，不使用 RB8；在方式 1 中，若 SM2 = 0，RB8 为接收到的停止位；在方式 2 或方式 3 中，RB8 为接收到的第 8 位数据。

TI：发送中断标志位。在方式 0 中，第 8 位数据发送结束时，由硬件自动置位。在其他方式中，在发送停止位之初，由硬件自动置位。TI 置位即表示一帧信息发送结束，同时也是申请中断，可根据需要，用软件查询的方法获得数据已发送完毕的信息，或用中断的方式来发送下一个数据。在任何方式中，TI 都必须用软件清零。

RI：接收中断标志位。在方式 0 中，当接收完毕第 8 位数据后，由硬件将 RI 自动置位。在其他方式中，在接收到停止位的中间时刻由硬件置位（例外情况见 SM2 的说明）。RI 置位表示一帧数据接收完毕，同时也是中断申请，可用查询的方法获知或用中断的方法获知。与 TI 一样，RI 也必须用软件清零。

2）电源控制寄存器 PCON。PCON 主要是为单片机的电源控制而设置的 8 位专用寄存器。电源正常工作情况下，除最高位 SMOD 位于串口的工作方式有关外，其他位对串行口工作均无影响。SMOD 是串行口双倍波特率位。当串行工作于方式 1、2 或 3 时，如使用定时器 T1 作波特率发生器，当 SMOD = 1 时，串行口波特率加倍。系统复位时默认值为

SMOD=0。

(2) 波特率选择　如前所述，在串行通信中，收发双方的数据传送率（波特率）要有一定的约定，在 MCS-51 型单片机串行口的四种工作方式中，方式 0 和方式 2 的波特率是固定的，而方式 1 和方式 3 的波特率是可变的，由定时器 T1 的计数值控制。

1）方式 0。方式 0 的波特率固定为晶振频率 f_{osc} 的 1/12，即波特率 $=f_{osc}/12$。

2）方式 2。方式 2 的波特率由 PCON 中的选择位 SMOD 决定：

SMOD=1 时，波特率 $=f_{osc}/32$；

SMOD=0 时，波特率 $=f_{osc}/64$。

3）方式 1 和方式 3。当定时器 T1 作为波特率发生器时，计算公式为

$$\text{波特率}=\frac{2^{SMOD}}{32}\times\frac{f_{osc}/(2^n-X)}{12}$$

式中，n 为定时器 T1 工作于方式 0、1、2 时的计数器位数，X 为计数器的计数初值。

为使用方便，表 12-3 列出了定时器 T1 工作于方式 2 时常用的波特率及对应的计数初值。

表 12-3　常用波特率与定时器 T1 初值关系表

波特率/(bit/s)	f_{osc}/MHz	SMOD	T1 初值(自动装入)
4800	12	1	0xf3
2400	12	0	0xf3
1200	12	1	0xf6
19200	11.0592	1	0xfd
9600	11.0592	0	0xfd
4800	11.0592	0	0xfa
2400	11.0592	0	0xf4
1200	11.0592	0	0xe8

2. RS-232C 标准接口总线

RS-232 是 EIA（美国电子工业协会）于 1962 年制定的标准。RS 表示 EIA 的“推荐标准”，232 是标准编号，1969 年修订的为 RS-232C。

RS-232C 定义了串行设备之间进行通信的物理接口标准。完整的 RS-232C 接口规定使用 25 针串口连接器，而且连接器的尺寸及每个插针的排列位置都有明确的定义。但一般应用中并不一定用到 RS-232C 标准的全部信号线，所以在实际应用中常常使用 9 针串口连接器代替 25 针串口连接器。9 针串口连接器外形如图 12-1 所示。

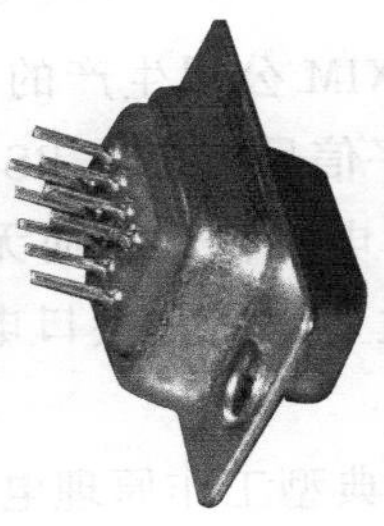

图 12-1　9 针串口连接器外形

观察标准串口的外形，如果横着看都显示两排引脚，无论公头还是母头，两排引脚的外围呈现类似等腰梯形的形状（俗称“D 形”）。大的一边有 5 个引脚，小的一边有 4 个引脚。9 针串口连接器引脚示意图如图 12-2 所示。

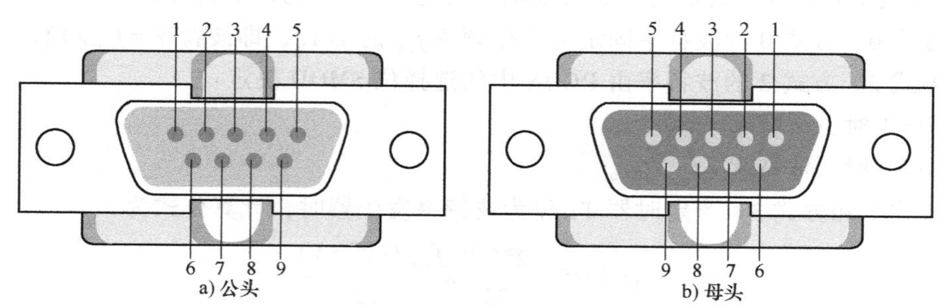

图 12-2　9 针串口连接器引脚示意图

RS-232C 9 针接口的主要信号线的功能见表 12-4。

表 12-4　RS-232C 9 针接口的主要信号线的功能

插针序号	信号名称	功能	信号方向	备注
1	DCD	数据载波检测		
2	RxD	串口数据输入	PC 接收单片机数据	必连
3	TxD	串口数据输出	PC 向单片机发送数据	必连
4	DTR	数据终端就绪		
5	GND	地线		必连
6	DSR	数据发送就绪		
7	RTS	发送数据请求		
8	CTS	清除发送		
9	RI	铃声指示		

RS-232C 采用负逻辑电平，规定工作时高电平（逻辑 1）是-15～-3V，低电平（逻辑 0）是 3～15V，高低电平用相反的电压表示，至少有 6V 的压差，非常好地提高了数据传输的可靠性。而单片机的引脚电平为 TTL，工作电压低电平为 0V ，高电平为 5V，因此，为保证通信双方电平匹配，需要在单片机串口与 RS-232C 接口之间加电平转换器，本设计选用 MAX232 电平转换器。

3. RS-232C 与 TTL 电平转换电路

MAX232 是 MAXIM 公司生产的、包含 2 路驱动器和接收器的电平转换芯片。它可以把单片机端的 TTL 电平信号变换为 RS-232C 接口的逻辑电平信号。采用该芯片的串行通信电路只需要单一的 5V 电源供电，而无须像某些其他芯片一样，还需提供额外的±12V 电源，实用性更强，价格适中，硬件接口电路简单，所以被广泛使用。该芯片的外形及引脚如图 12-3 所示。

MAX232 芯片的典型工作原理电路如图 12-4 所示，内部包含 5V→10V 的倍压器，将 5V 电压升为 10V，还包含有 10V→-10V 的电压反相器，将 10V 的直流电压转换为-10V，从而

图 12-3　MAX232 芯片的外形及引脚

有效地满足了将 5V 电源转换为±10V 电源的要求。电路中电容 C_1、C_2、C_3、C_4 称为升压电容。电路中 T1、T2 两路将 TTL/CMOS 电平转换为 RS-232C 电平。

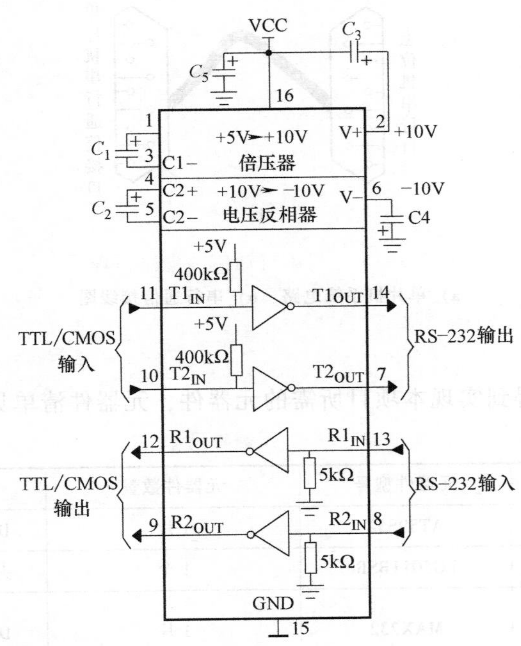

图 12-4　MAX232 芯片的典型工作原理

4. 单片机的显示电路

本项目选择单片机芯片的 P1 口连接 1 位数码管，进行接收数据的显示，数码管采用共阳极型，静态显示方式。

（三）电路原理图

本设计选用一个由 AT89S52 单片机芯片组成的单片机系统与 PC 进行串行通信。综合以上设计，得到如图 12-5 所示的单片机串行通信的电路原理图。单片机系统电路如图 12-5a 所示。两个系统间进行串行数据传送时，接收/发送端接线图如图 12-5b 所示。

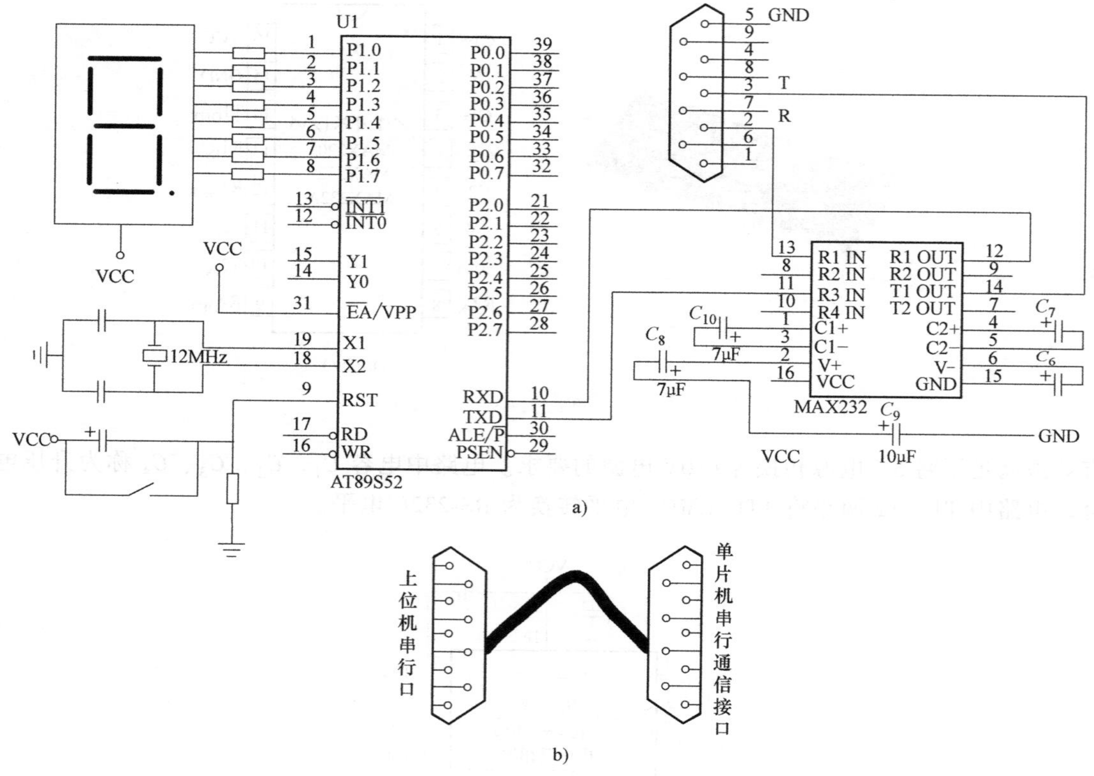

图 12-5　单片机串行通信的电路原理图

a）单片机系统电路　b）串行通信接线图

（四）材料表

从原理图 12-5 可以得到实现本项目所需的元器件，元器件清单见表 12-5。

表 12-5　元器件清单

序号	元器件名称	元器件型号	元器件数量	备注
1	单片机芯片	AT89S52	1 片	DIP40 封装
2	数码管	LG5011BSR	1 个	共阳极
3	串口电源电平转换芯片	MAX232	1 片	DIP16 封装
4	晶振	12MHz	1 只	
5	电容	30pF	2 只	瓷片电容
		22μF	1 只	电解电容
		10μF	1 只	电解电容
		7μF	4 只	电解电容
6	电阻	10kΩ	1 只	碳膜电阻
7	按键		1 只	无自锁
8	40 脚 IC 座		1 片	安装单片机芯片

（续）

序号	元器件名称	元器件型号	元器件数量	备注
9	16脚IC座		1片	安装MAX232芯片
10	串口通信线	RS-232	1根	

二、控制程序的编写

（一）绘制程序流程图

本项目要实现的是单片机与PC的串行通信，对于程序的编写，只要遵循顺序程序结构进行数据传送即可，因此程序流程图简单绘制如图12-6所示。

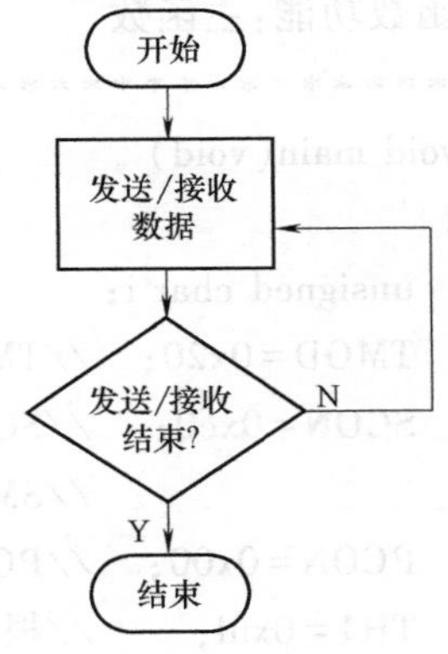

图12-6　串行通信控制程序流程图

（二）编制C语言程序

程序一　数据发送程序（单片机发送数据到PC）

1. 参考程序清单

数据发送程序

```
#include<reg51.h>            //包含单片机寄存器的头文件
sbit p=PSW^0;
uchar code table[]={0x3f,0x06,0x5b,0x4f,0x66,0x6d,0x7d,0x07,
                    0x7f,0x6f,0x77,0x7c,0x39,0x5e,0x79,0x71};
//数码管显示码,该数组被定义为全局变量
/************************************************************
函数功能:向PC发送一个字节数据
************************************************************/
void Send(unsigned char dat)
{
    ACC=dat;
    TB8=p;
    SBUF=dat;
    while(TI==0);
    TI=0;
}
/************************************************************
函数功能:延时约150ms
************************************************************/
void delay(void)
{
    unsigned char m,n;
```

```
    for(m=0;m<200;m++)
        for(n=0;n<250;n++);
}
/*********************************************************
函数功能:主函数
*********************************************************/
void main(void)
{
    unsigned char i;
    TMOD=0x20;      //TMOD=0010 0000B,定时器 T1 工作于方式 2
    SCON=0xc0;      //SCON=1100 0000B,串口工作方式 3
                    //SM2 置 0,不使用多机通信,TB8 置 0
    PCON=0x00;      //PCON=0000 0000B,波特率 9600
    TH1=0xfd;       //根据规定给定时器 T1 赋初值
    TL1=0xfd;       //根据规定给定时器 T1 赋初值
    TR1=1;          //启动定时器 T1
while(1)
{
    for(i=0;i<16;i++)   //模拟检测数据
      {
        Send(Tab[i]);           //发送数据 i
          delay();   //50ms 发送一次检测数据
      }
}
}
```

2. 程序执行过程

单片机上电或执行复位操作后，程序自主函数开始执行。在执行主函数前，编译器先利用 include 指令包含头文件，“sbit p=PSW^0”；指令定义状态位，“uchar code table[ ]”定义 0~F 的编码，即直接将 16 个数的编码分配到程序空间中，编译后编码占用的是从程序存储器空间，而非内存空间。

进入主函数后，首先进行初始化定义，定义定时器 T1 工作于方式 2；串口工作在方式 3，SM2 置 0，不使用多机通信，TB8 置 0；波特率 9600。然后根据规定给定时器 T1 赋初值，启动定时器 T1。

然后进入 while 循环，开始根据串行数据通信情况开始执行程序。由于要传送的数据有 0~F 共 16 个，因此用 for 循环确定数据传送的次数。在每一次传送数据时，都要执行发送数据子函数并延时 150ms。直到全部数据传送完毕。

程序二　接收端程序（PC 发送数据到单片机）

1. 参考程序清单

```
#include<reg51.h>          //包含单片机寄存器的头文件
/**************************************************************
函数功能:接收一个字节数据
**************************************************************/
unsigned char Receive(void)
{
 unsigned char dat;
  while(RI==0)    //只要接收中断标志位 RI 没有被置"1"
      ;           //等待,直至接收完毕(RI=1)
   RI=0;          //为了接收下一帧数据,需将 RI 清 0
   dat=SBUF;   //将接收缓冲器中的数据存于 dat
   return dat;
}
/**************************************************************
函数功能:主函数
**************************************************************/
void main(void)
{
  TMOD=0x20;   //定时器 T1 工作于方式 2
  SCON=0x50;   //SCON=0101 0000B,串口工作方式 1,允许接收(REN=1)
  PCON=0x00;   //PCON=0000 0000B,波特率 9600
  TH1=0xfd;  //根据规定给定时器 T1 赋初值
  TL1=0xfd;  //根据规定给定时器 T1 赋初值
  TR1=1;     //启动定时器 T1
  REN=1;     //允许接收
  while(1)
  {
     P1=Receive(); //将接收到的数据送 P1 口显示
  }
}
```

2. 程序执行过程

单片机上电或执行复位操作后，程序自主函数开始执行。在执行主函数前，编译器先利用 include 指令包含头文件。

进入主函数后，首先进行初始化定义，定义定时器 T1 工作于方式 2；串口工作在方式 1，REN 置 1，允许接收；波特率 9600。然后根据规定给定时器 T1 赋初值，启动定时器 T1。

然后进入 while 循环，开始读入接收的数据。在数据接收子函数中，通过 RI 的状态判断接收数据是否完成。在每传送完一帧数据后，都要将 RI 清零，为下一帧数据的接收做准备。接收完的数据通过“dat=SBUF;”读出并作为子函数的返回值，从 P1 口输出并显示在数码管上。

三、程序仿真与调试

1）运行 Keil 软件并正确输入源程序，以文件名 lx12.c 和 lx13.c 保存并添加到工程中，重复编译、检查过程直至成功编译。

2）将编译生成的 lx12.hex、lx13.hex 文件利用 ISP 下载线或者串口写入单片机芯片，运行程序观察数据传送的显示现象。串行通信单片机系统及两机通信的连接电路如图 12-7 所示。

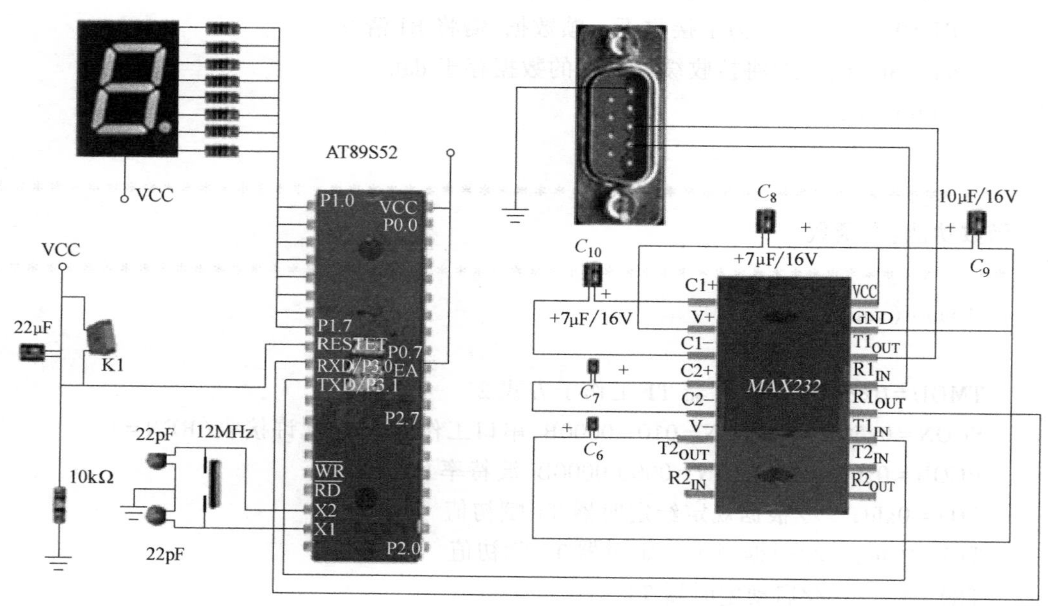

图 12-7　串行通信单片机系统及两机通信的连接电路

3）修改源程序。改变传送的数据，重复编译写入过程，运行程序观察控制现象。

知识拓展

串行通信基础知识

计算机与外界的信息交换称为通信。通信的基本方式分为并行通信和串行通信两种。并行通信是指所传送数据的每一位同时进行传送，而串行通信是指被传送数据按顺序一位一位地传送。如图 12-8 所示，显然并行方式比串行方式传送速度快，但因所传送数据的每一位都占用一条传输线，所以当数据位较多时，其硬件设备成本高，传输的距离也不能太远。而串行方式虽然传送速度慢，但其硬件设备成本低，且传输距离较远，所以在许多情况下都采用串行方式通信。

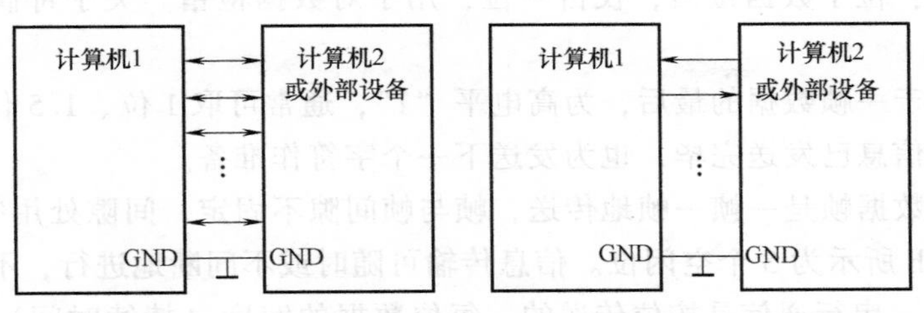

图 12-8　通信方式

一、串行通信分类

串行通信可以分为异步通信和同步通信两种方式。

1. 异步通信方式

在异步通信中，数据通常是以字符（或字节）为单位组成字符帧传送的。字符帧由发送端一帧一帧地发送，通过传输线被接收设备一帧一帧地接收。发送端和接收端可以由各自的时钟来控制数据的发送和接收步调，两个时钟源彼此独立，不同步。

在异步通信中，为保证数据传送正确，通信双方需要规定两项技术协议，即字符帧格式和波特率。

（1）字符帧格式　字符帧也叫数据帧，格式如图 12-9 所示，由起始位、数据位、奇偶校验位和停止位组成。

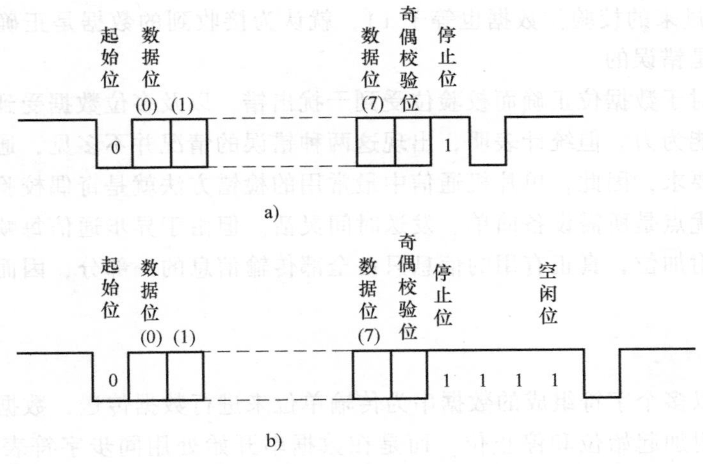

图 12-9　异步通信数据帧格式

起始位：位于帧的开头，只占一位，只取低电平“0”，用于告知接收设备发送端开始发送一帧信息。在没有数据传送时传输线呈高电平“1”，当接收端检测到由高到低的一位跳变信号（起始位）后，就开始准备接收数据位信号。

数据位：紧跟在起始位之后，用户根据情况可取 5 位、6 位、7 位、8 位，低位在前，高位在后。若所传数据为 ASCII 字符，有效数据位是 7 位，最高位都用 0 补齐。如图 12-9a 所示有效数据位是 7 位，具体的数据由收发双方事先约定好。

奇偶校验位：位于数据位后，仅占一位，用于对数据检错。关于奇偶校验的方法随后介绍。

停止位：位于一帧数据的最后，为高电平“1”，通常可取1位、1.5位或2位，用于向接收端表示一帧信息已发送完毕，也为发送下一个字符作准备。

异步通信时数据帧是一帧一帧地传送，帧与帧间隙不固定，间隙处用空闲位（高电平）填补，如图12-9b所示为3个空闲位。信息传输可随时或不间断地进行，不受时间限制。

（2）波特率　串行通信是按位传送的，每位数据的宽度（持续时间）由数据传送的速率确定。波特率即数据传送的速率，定义为每秒传送二进制的位数，单位bit/s。例如，数据传送的速率是120B/s，而每个字符如包含10位数，则波特率为1200bit/s。

（3）奇偶校验的方法　串行通信的关键不仅是能传输信息，还要能正确地传输信息。但是串行通信的距离一般较长，传输线路易受干扰，容易出错。因此，检错纠错成为一个重要的问题。在检查出错误后进行错误纠正所要求的技术高、设备复杂，一般场合很少采用。大多数情况下采用的方法是，在接收端发现错误后接收端向发送端发送一个信息，要求把刚才发送的信息重发。由于干扰一般是突发性的，重发一次可能就是正确的了。检错的方法很多，最为简单、应用最多的是奇偶校验法。

MCS-51型单片机中PSW的奇偶位P，在每个指令周期都由硬件自动置位或清零，以表示累加器A中1的个数的奇偶性。若A中1的个数为奇数，则P=1；若A中1的个数为偶数，则P=0。如果在串行通信时，把A中的值（要发送的数据）和P的值（代表所发送数据的奇偶性）一起发送，那么接收端接收到数据后，也对接收到的数据进行一次奇偶校验。如果校验的结果与发送时相符（校验后P=0，而发送过来的校验位数据也等于0；或者校验后P=1，而发送过来的校验位数据也等于1），就认为接收到的数据是正确的。反之，就认为接收到的数据是错误的。

奇偶校验法对于数据位正确而校验位受到干扰出错，以及多位数据受到干扰出错而奇偶性不变的情况无能为力。但统计表明，出现这两种错误的情况并不多见，通常情况下奇偶校验方法已能满足要求，因此，单片机通信中最常用的检错方法就是奇偶校验法。

异步通信的优点是所需设备简单、发送时间灵活。但由于异步通信每帧均需起始位、校验位和停止位等附加位，真正有用的信息只占全部传输信息的一部分，因而会降低有效数据的传输效率。

2. 同步通信方式

同步通信是以多个字符组成的数据串为传输单位来进行数据传送，数据串长度固定，每个字符不再单独附加起始位和停止位，而是在数据串开始处用同步字符表示数据串传送开始，由时钟来实现发送端与接收端之间的同步。这种通信方式传输速度较高，但硬件复杂。由于MCS-51型单片机中没有同步串行通信方式，所以这里不做详细介绍。

二、串行通信中数据的传送方向

串行通信中，数据的传送方向分为三种方式。

1. 单工方式

在单工方式下，通信双方之间只有一条传输线，数据只允许由发送方向接收方单向传

送，如图 12-10a 所示。

2. 半双工方式

在半双工方式下，通信双方之间也只有一条传输线，如图 12-10b 所示，双方都可以接收和发送，但同一时刻只能一方发另一方收。

3. 全双工方式

在全双工方式下，通信双方之间有两根传输线，如图 12-10c 所示，这样双方之间发送和接收可以同时进行，互不相关。当然，这时通信双方的发送器和接收器也是独立的，可以同时工作。

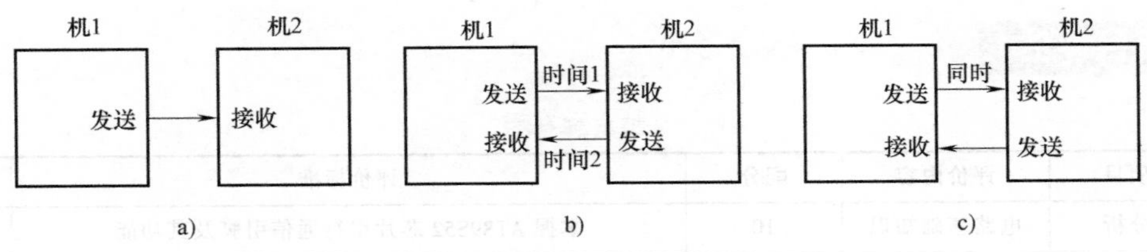

图 12-10　串行通信数据传送方向

项目测试

一、填空题

1. 计算机的数据传送有两种方式，即__________方式和__________方式，其中具有成本低特点的是__________数据传送方式。

2. MCS-51 型单片机有一个__________串行接口，通过引脚______________向外串行发送数据，通过引脚__________串行接收数据。

3. 串行口有四种工作方式可供选择，要使得串口工作在方式 2，则 SM0 =______、SM1 =______。

4. 串行通信中，数据的传送方向分为__________、__________和__________三种。

二、选择题

1. 串行通信的数据传送速率即波特率的单位是（　　）。

A. 字符/秒　　B. 位/秒　　C. 帧/秒　　D. 帧/分

2. AT89S52 有一个全双工的串行口，下列功能中该串行口不能完成的是（　　）。

A. 网络通信　　B. 异步串行通信

C. 作为同步移位寄存器　　D. 位地址寄存器

3. 串行工作方式 1 的波特率是（　　）。

A. 固定的，为时钟频率的 1/12

B. 固定的，为时钟频率的 1/32

C. 固定的，为时钟频率的 1/64

D. 可变的，通过定时器/计数器 1 的溢出率设定

4. 以下所列特点中，不属于串行工作方式 2 的是（　　）。

A. 11 位帧格式　　B. 有第九位数据位

C. 使用一种固定的波特率　　　　　　　　D. 使用两种固定的波特率

三、简答及编程

1. 简述串行口缓冲寄存器 SBUF 的特点。

2. 与串行口有关的特殊功能寄存器有哪些？

3. 在单片机串行通信中，通常使用 T1 作为串行波特率发生器，此时 T1 应选择哪种工作方式？

4. 当数据位为 6 位时，数据帧有多少位？如果数据位为 7 位呢？

5. 利用单片机设计一个时钟系统，与上位机进行串口连接。单片机将时钟传送给上位机，并在数据接收区显示时钟。

项目评估

项目评估表

评价项目	评价内容	配分	评价标准	得分
电路分析	电路基础知识	10	掌握 AT89S52 芯片串行通信引脚及其功能	
电路搭建	在实训台选择对应的模块及元器件	10	模块及元器件选择合理	
程序编制、调试、运行	指令学习	30	能正确理解发送及接收的意义　10分	
			理解发送函数和接收函数的意义　10分	
			能根据要求编写不同的发送、接收程序　10分	
	程序分析、设计	20	能正确分析程序功能　10分	
			能根据要求设计功能相似程序　10分	
	程序调试与运行	20	程序输入正确　5分	
			程序编译仿真正确　5分	
			能修改程序并分析　10分	
安全文明生产	使用设备和工具	5	正确使用设备和工具	
团结协作意识	集体意识	5	各成员分工协作，积极参与	

附 录

附录 A 单片机仿真软件 Keil 的使用

单片机开发中除了必要的硬件及编程语言外，同样离不开计算机软件，我们需要将编写好的程序“写入”单片机芯片中。编写的 C 语言源程序翻译成 CPU 可以执行的机器码的过程称为编译。

在源程序被输入到计算机中后，就以一个文件的形式保存起来，要对这个文件进行编译，必须有相应的编译软件。在计算机上进行单片机编译的软件有很多，用于 MCS-51 型单片机的有早期的 A51，随着单片机开发技术的不断发展，从普遍使用汇编语言到逐渐使用高级语言开发，单片机的开发软件也在不断发展。Keil 软件是目前较为流行的开发 51 系列单片机的仿真软件。

一、软件的安装

Keil 软件提供了包括 C 编译器、宏汇编、连接器、库管理和仿真调试器等在内的完整开发方案，通过集成开发环境（μVision）将这些部分组合在一起。

安装 Keil C51 完全版，根据安装过程出现的提示，正确安装软件。

二、工程的建立

首先启动 Keil 软件的集成开发环境，可以从桌面上直接双击 Keil μVision3 的快捷图标。

Keil μVision3 启动后，如图 A-1 所示，程序窗口的左边有一个工程管理窗口，该窗口下方有三个标签，它们分别显示当前项目的文件结构、CPU 的寄存器及部分特殊功能寄存器的值（调试时才出现）和所选 CPU 的附加说明文件。第一次启动 Keil 软件，这三个标签页全是空的。

（一）源文件的建立

使用菜单“F 文件→新建”或者单击工具栏的新建文件按钮，即可在项目窗口的右侧打开一个新的文本编辑窗口，在该窗口中输入本项目中的 C 语言程序。输入完成后单击“F 文件→保存”，在出现的对话框中键入文件名 1x1. c 即可。

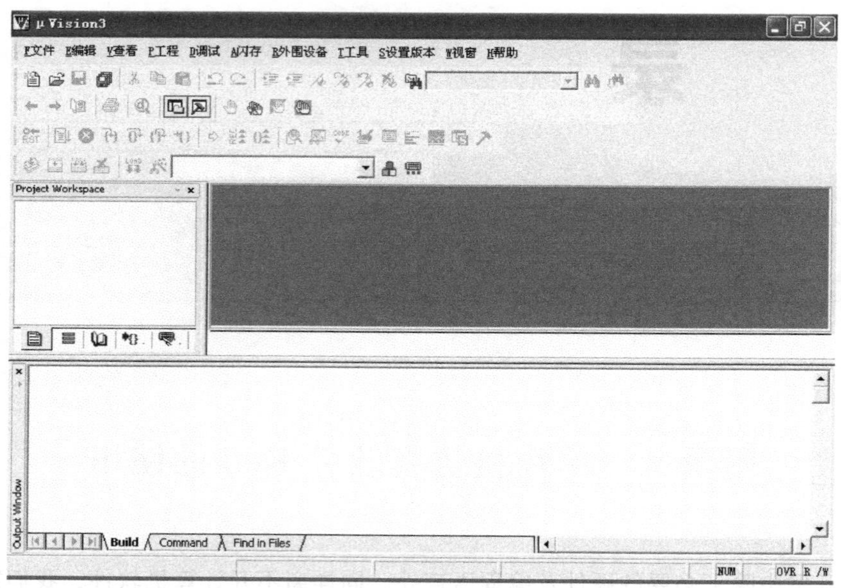

图 A-1 Keil μVision3 启动窗口

注意：源文件就是一般的文本文件，不一定使用 Keil 软件编写，可以使用任意文本编辑器编写，而且 Keil 的编辑器对汉字的支持不好，建议使用 UltraEdit 之类的编辑软件进行源程序的输入。

（二）建立工程文件

在项目开发中，并不是仅有一个源程序就行了，还要为这个项目选择 CPU 的型号（Keil 支持数百种 CPU，而这些 CPU 的特性并不完全相同），并确定编译、连接的参数，指定调试的方式。有一些项目还会由多个文件组成，为管理和使用方便，Keil 使用工程（Project）这一概念，将这些参数设置和所需的所有文件都添加在一个工程中，只能对工程而不能对单一的源程序进行编译和连接等操作，下面我们就一步一步地来建立工程。

单击 P 工程→NEW 工程菜单，出现一个对话框，要求给将要新建的工程起一个工程名。在编辑框中输入一个工程名（设为 lx1），不需要扩展名。单击“保存”按钮，出现第二个对话框，如图 A-2 所示，这个对话框要求选择目标 CPU。

我们选择 Atmel 公司的 AT89S52 芯片。单击 ATMEL 前面的“+”号，展开该层，单击其中的 AT89S52，然后再单击“确定”按钮，回到主界面。此时，在工程窗口的文件页中，出现了 Target 1，前面有“+”号，单击“+”号展开，可以看到下一层的 SourceGroup1。这时的工程还是一个空的工程，需要把刚才编写好的源程序加入进去。单击 SourceGroup1 使其反白显示，然后，单击鼠标右键，出现一个下拉菜单，如图 A-3 所示。

单击对话框中“文件类型”后的下拉列表，找到并选中其中的 Add file to Group “Source Group1”。此时会出现一个对话框，要求寻找源文件。

注意：该对话框下面的“文件类型”默认为 C source file（＊.C，C 语言程序），

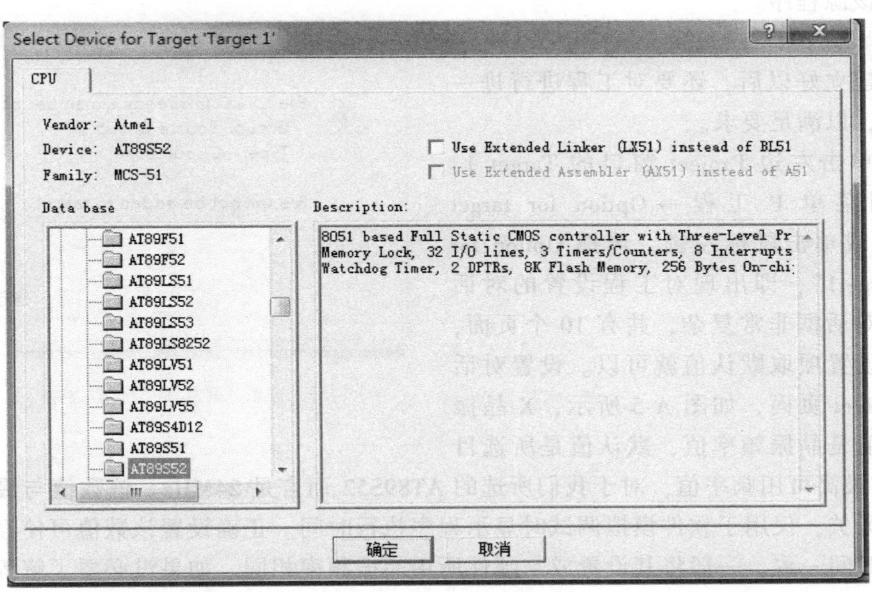

图 A-2　CPU 芯片选择

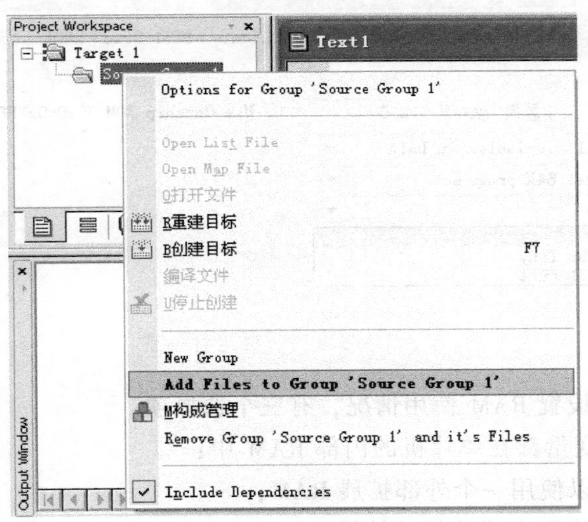

图 A-3　添加工程文件

也就是以 C 为扩展名的文件，在列表框中就可以找到 Lx1. C 文件了。双击 Lx1. C 文件或者单击“Add” 按钮，将文件加入项目中。

注意：将文件加入项目后，该对话框并不消失，等待继续加入其他文件。但初学时常会误认为操作没有成功而再次双击同一文件，这时会出现如图 A-4 所示的对话框，提示你所选文件已在列表中。此时应点击“确定”，返回前一对话框，然后单击 Close 即可返回主界面。返回后，单击 Source Group 1 前的加号，发现 Lx1. C 文件已在其中。双击文件名，即可打开该源程序。

（三）工程的详细设置

工程建立好以后，还要对工程进行进一步的设置，以满足要求。

图 A-4　重复加入文件的错误

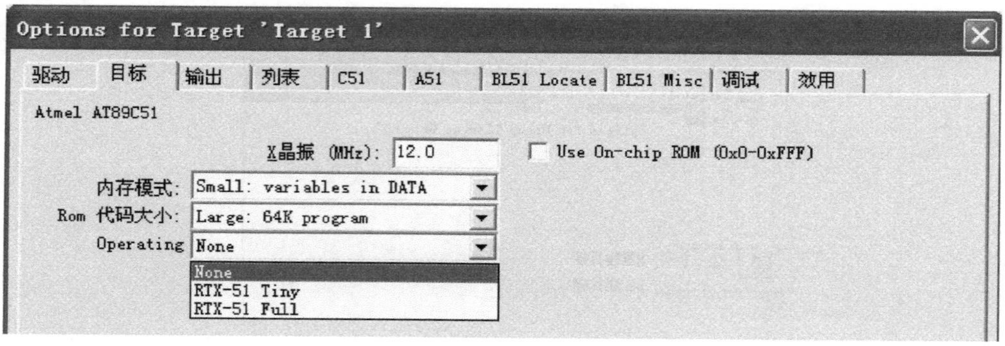

首先单击左边 Project 窗口的 Target 1，然后使用菜单 P 工程 → Option for target “target1” 或单击鼠标左键，选择 Option for target “target1”，即出现对工程设置的对话框。这个对话框非常复杂，共有 10 个页面，绝大部分设置项取默认值就可以。设置对话框中的 Target 页面，如图 A-5 所示，X 晶振后面的数值是晶振频率值，默认值是所选目标 CPU 的最高可用频率值，对于我们所选的 AT89S52 而言是 24MHz。该数值与最终产生的目标代码无关，仅用于软件模拟调试时显示程序执行时间。正确设置该数值可使显示时间与实际所用时间一致，一般将其设置成与硬件所用晶振频率相同。如果没必要了解程序执行的时间，也可以不进行设置，这里设置为 12.0MHz。

Options for Target 'Target 1'
驱动 | 目标 | 输出 | 列表 | C51 | A51 | BL51 Locate | BL51 Misc | 调试 | 效用
Atmel AT89C51
X晶振 (MHz): 12.0　　Use On-chip ROM (0x0-0xFFF)
内存模式: Small: variables in DATA
Rom 代码大小: Large: 64K program
Operating: None
None
RTX-51 Tiny
RTX-51 Full

图 A-5　对输出目标进行设置

“内存模式”用于设置 RAM 使用情况，有三个选择项：

Small 模式，所有变量都在单片机的内部 RAM 中；

Compact 模式，可以使用一个外部扩展 RAM；

Larget 模式，可以使用全部外部的扩展 RAM。

“ROM 代码大小”用于设置 ROM 空间的使用，同样也有三个选择项：

Small 模式，只用低于 2KB 的程序空间；

Compact 模式，单个函数的代码量不能超过 2KB，整个程序可以使用 64KB 程序空间；

Larget 模式，可用全部 64KB 空间。

“Operating”项是操作系统的选择，Keil 软件提供了两种操作系统：Rtx-51 tiny 和 Rtx-51 full。通常我们不使用任何操作系统，即使用该项的默认值：None（不使用任何操作系统）。

“片外代码内存”选择项，确认是否仅使用片内 ROM（注意：选中该项并不会影响

“片外代码内存”)用以确定系统扩展 ROM 的地址范围。

“片外 Xdata 内存”用于确定系统扩展 RAM 的地址范围，这些选择项必须根据所用硬件来决定，若是单片应用，未进行任何扩展，则均不重新选择，按默认值设置，如图 A-6 所示。

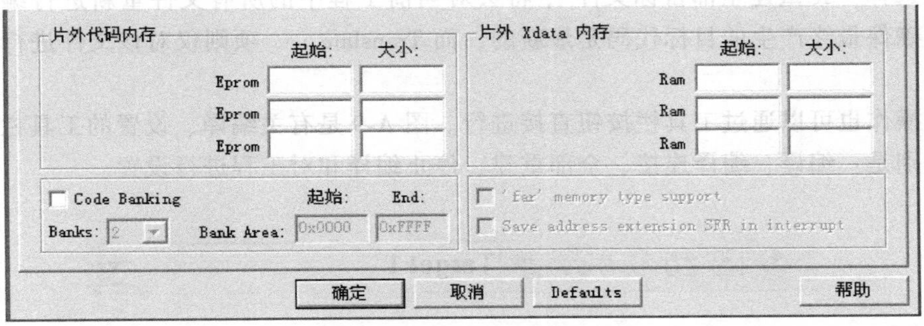

片外代码内存 起始: 大小:
Eprom
Eprom
Eprom
片外 Xdata 内存 起始: 大小:
Ram
Ram
Ram
Code Banking 起始: End:
Banks: 2 Bank Area: 0x0000 0xFFFF
'far' memory type support
Save address extension SFR in interrupt
确定 取消 Defaults 帮助

图 A-6 “片外代码内存”与“片外 Xdata 内存”选项

设置对话框中的输出页面，如图 A-7 所示，这里也有多个选择项，其中：

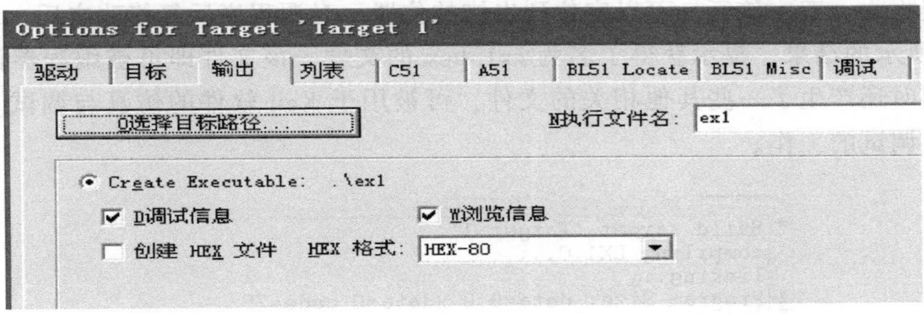

Options for Target 'Target 1'
驱动 | 目标 | 输出 | 列表 | C51 | A51 | BL51 Locate | BL51 Misc | 调试
O选择目标路径...
N执行文件名: ex1
Create Executable: .\ex1
D调试信息
W浏览信息
创建 HEX 文件 HEX 格式: HEX-80

图 A-7 输出项选择

“创建 HEX 文件”用于生成可执行代码文件（可以用编程器写入单片机芯片的 HEX 格式文件，文件的扩展名为 .HEX），在图 A-7 中，默认情况下该项未被选中，如果要写芯片进行硬件实验，就必须选中该项。选中“D 调试信息”将会产生调试信息，如果需要对程序进行调试，应当选中该项。选中“W 浏览信息”将产生浏览信息，该信息可以用菜单 view→Browse 来查看，这里取默认值。

“O 选择目标路径”是用来选择最终目标文件所在的文件夹，如图 A-8 所示，默认值是与工程文件在同一个文件夹中。

“N 执行文件名”用于指定最终生成目标文件的名字，默认与工程的名字相同，这两项一般不需要更改。工程设置对话框中的其他各页面与 C51 编译选项、A51 的汇编选项、BL51 连接器的连接选项等用法有关，均取默

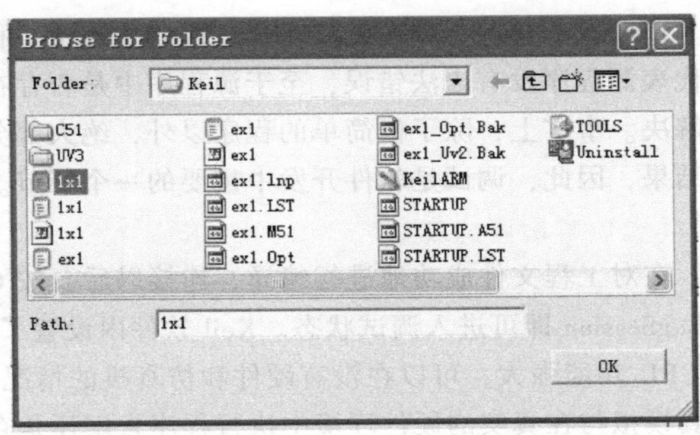

图 A-8 目标文件选择

认值，不做任何修改。

（四）编译与连接

在设置好工程后，即可进行编译、连接。选择菜单“P 工程→B 创建目标”，对当前工程进行连接。如果当前文件已修改，软件会先对该文件进行编译，然后再连接以产生目标代码；如果选择“R 重建全部目标文件”，将会对当前工程中的所有文件重新进行编译，然后再连接，确保最终产生的目标代码是最新的，而 Translate …. 项则仅对该文件进行编译，不进行连接。

以上操作也可以通过工具栏按钮直接进行。图 A-9 是有关编译、设置的工具栏按钮，从左到右分别是：编译、编译连接、全部重建、停止编译和对工程进行设置。

图 A-9　有关编译、连接、项目设置的工具条

编译过程中的信息将出现在输出窗口中的 Build 标签页中。如果源程序中有语法错误，会出现错误报告，双击该行，可以定位到出错的位置，对源程序反复修改之后，最终会得到如图 A-10 所示的结果，提示获得了名为 ex1. hex 的文件，该文件即可被编程器读入并写到芯片中，同时还产生了一些其他相关的文件，可被用于 Keil 软件的仿真与调试。这时可以进入下一步调试的工作。

```
Build target 'Target 1'
compiling LX1.C...
linking...
Program Size: data=9.0 xdata=0 code=75
creating hex file from "lx1"...
"lx1" - 0 Error(s), 0 Warning(s).
```

Output Window　Build　Command　Find in Files

图 A-10　正确编译、连接之后的结果

三、Keil 软件的调试

前面我们学习了如何建立工程、编译、连接工程，并获得目标代码，但是做到这一步仅仅代表源程序没有语法错误，至于源程序中是否存在着的其他错误，必须通过调试才能发现并解决。事实上，除了极简单的程序以外，绝大部分的程序都要通过反复调试才能得到正确的结果，因此，调试是软件开发中重要的一个环节。

（一）常用调试命令

在对工程文件成功地进行编译、连接以后，按 Ctrl+F5 或者使用菜单 D 调试→Start/Stop DebugSession 即可进入调试状态。Keil 软件内设置了一个仿真 CPU 用来模拟执行程序，该仿真 CPU 功能强大，可以在没有硬件和仿真机的情况下进行程序的调试。不过我们必须明确，仿真模拟与在真实的硬件环境中执行程序肯定还是存在区别的，其中最明显的就是时序。软件模拟是不可能和真实的硬件具有相同的时序的，具体的表现就是程序执行的速度和计算机

本身有关，计算机性能越好，运行速度越快。

进入调试状态后，界面与编辑状态相比有明显的变化，调试菜单项中原来不能用的命令现在已可以使用了，工具栏会多出一个用于运行和调试的工具条，如图 A-11 所示，调试菜单上的大部分命令可以在此找到对应的快捷按钮，从左到右依次是复位、运行、暂停、单步、过程单步、执行完当前子程序、运行到当前行、下一状态、打开跟踪、观察跟踪、反汇编窗口、观察窗口、代码作用范围分析、1#串行窗口、内存窗口、性能分析、逻辑分析窗口、符号标志窗口、工具按钮命令。

图 A-11　调试工具条

学习程序调试，必须明确两个重要的概念，即单步执行与全速运行。单步执行是每次执行一条指令，执行完该条指令以后即停止，等待命令执行下一条指令，此时可以观察该条指令执行完以后得到的结果，是否与我们写该条指令所想要得到的结果相同，借此可以找到程序中问题所在。全速执行是指一条指令执行完以后紧接着执行下一条指令，中间不停顿，这样程序执行的速度很快，并可以看到该段程序执行的总体效果，即最终结果正确还是错误，但如果程序有错，则难以确定错误出现在哪些程序行。程序调试中，这两种运行方式都会用到。

使用菜单“P 单步”或相应的命令按钮或使用快捷键 F10 可以单步执行程序，使用菜单“T 跟踪”或功能键 F11 可以以“过程单步”形式执行命令。所谓过程单步，是指将汇编语言中的子程序或高级语言中的函数作为一个语句来全速执行。

按下 F11 键，可以看到源程序窗口的左边出现了一个黄色调试箭头，指向源程序的第一行，每按一次 F11，即执行该箭头所指程序行，然后箭头指向下一行，如图 A-12 所示。当箭头指向 delayms（ ）行时，再次按下 F11 键，会发现，箭头指向了延时子函数 delayms（ ）的第一行。不断按 F11 键，即可逐条执行延时子函数的指令。

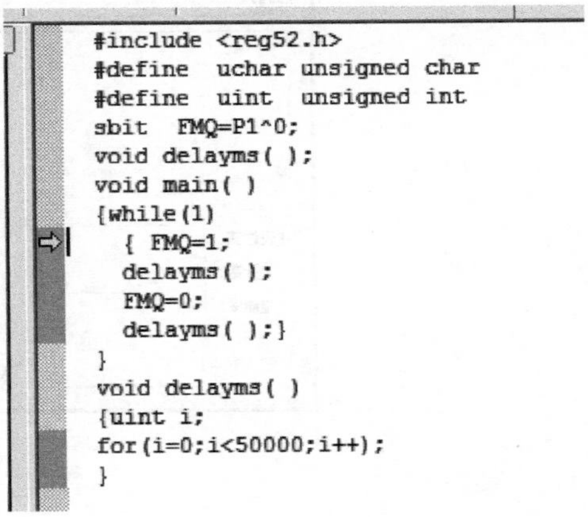

```
#include <reg52.h>
#define  uchar unsigned char
#define  uint  unsigned int
sbit  FMQ=P1^0;
void delayms( );
void main( )
{while(1)
  { FMQ=1;
  delayms( );
  FMQ=0;
  delayms( );}
}
void delayms( )
{uint i;
for(i=0;i<50000;i++);
}
```

图 A-12　调试窗口

通过单步执行程序，可以找出一些问题的所在，但是仅依靠单步执行来查错有时是很困难的，或虽能查出错误但效率很低，为此必须辅之以其他方法。例如本例中的延时程序是通过将for(i=0；i<50000；i++)；这一条指令执行 5 万次来达到延时的目的，如果用按 F11 键 5 万次的方法来执行完该程序行，显然不合适，为此，可以采取以下方法。

方法一：用鼠标在主函数的下一行FMQ=0点一下，把光标定位于该行，然后用菜单

“D 调试→C 运行到光标行”，即可全速执行完黄色箭头与光标之间的程序行。

方法二：在进入该子函数后，使用菜单“D 调试→运行到功能结束”，使用该命令后，即全速执行完调试光标所在的子函数并指向主程序中的下一行指令FMQ=0。

方法三：在开始调试时，按 F10 键而不是 F11 键，程序也将单步执行，不同的是，执行到delayms（ ）行时，按下 F10 键，调试光标不进入子程序的内部，而是全速执行完该子程序，然后直接指向下一行FMQ=0。

灵活应用这几种方法，可以大大提高查错的效率。

（二）断点设置

程序调试时，一些指令必须满足一定的条件才能被执行到（如程序中某变量达到一定的值、按键被按下、串口接收到数据、有中断产生等），这些条件往往是异步发生或难以预先设定的，这类问题使用单步执行的方法也是很难调试的，这时就要使用到程序调试中的另一种非常重要的方法——断点设置。

断点设置的方法有多种，常用的是在某一指令行设置断点，设置好断点后可以全速运行程序，一旦执行到该条指令即停止，可在此时观察有关变量值，以确定问题所在。在指令行“设置/移除断点”的方法有以下几种方法：将光标定位于需要设置断点的指令行，使用菜单“D 调试→ 设置/关闭断点”，用鼠标在该行双击也可以实现同样的功能，它是开启或暂停光标所在行的断点功能。此外还有“D 调试→ A 关闭所有断点”和“D 调试→K 删除所有断点”。这些功能也可以用工具条上的快捷按钮进行设置。

除了在某程序行设置断点这一基本方法以外，Keil 软件还提供了多种设置断点的方法，点击“D 调试→断点”即出现一个对话框，该对话框用于对断点进行详细的设置，如图 A-13所示。

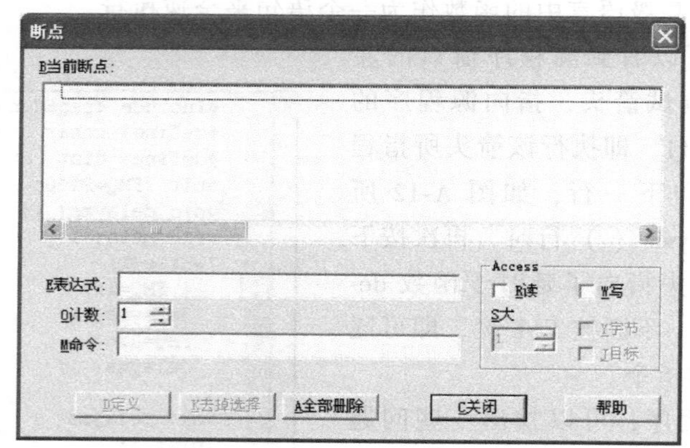

图 A-13　断点的设置

四、Keil 程序调试窗口

前面我们学习了几种常用的程序调试方法，下面将介绍 Keil 提供的各种窗口的用途，以及这些窗口的使用方法，并通过实例介绍这些窗口在调试中的使用。

Keil 软件在调试程序时提供了多个窗口，主要包括输出窗口（Output Windows）、观察窗口（Watch&Call Statck Windows）、存储器窗口（Memory Window）、反汇编窗口（DissamblyWindow）和串行窗口（Serial Window）等。

进入调试模式后，可以通过菜单“V 查看”的相应命令打开或关闭这些窗口。

图 A-14 是命令窗口、观察窗口和存储器窗口，各窗口的大小可以使用鼠标调整。进入调试程序后，输出窗口自动切换到 Command 标签页。该标签页用于输入调试命令和输出调试信息。

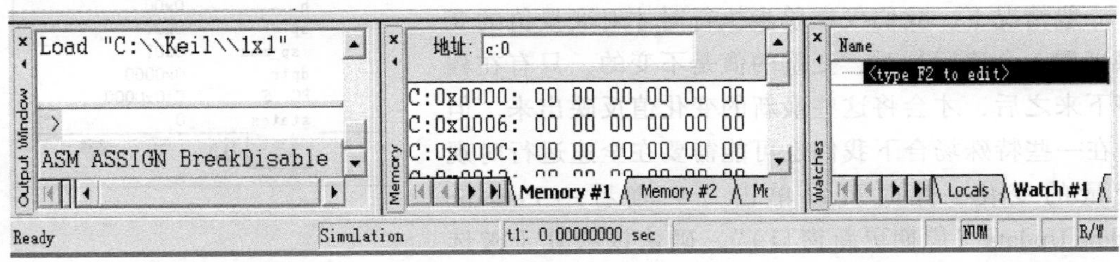

图 A-14　调试窗口（命令窗口、观察窗口、存储器窗口）

（一）存储器窗口

存储器窗口中可以显示系统中各存储单元中的值，如图 A-15 所示。通过在 Address 后的编辑框内输入“字母：数字”即可显示相应内存值，其中字母可以是 C、D、I、X，分别代表代码存储空间、直接寻址的片内存储空间、间接寻址的片内存储空间、扩展的外部 RAM 空间，数字代表想要查看的地址。例如输入“D：0”即可观察到地址 0 开始的片内 RAM 单元值。键入“C：0”即可显示从 0 开始的 ROM 单元中的值，即查看程序的二进制代码。该窗口的显示值可以以各种形式显示，如十进制、十六进制、字符型等，改变显示方式的方法是单击鼠标右键，在弹出的快捷菜单中选择。

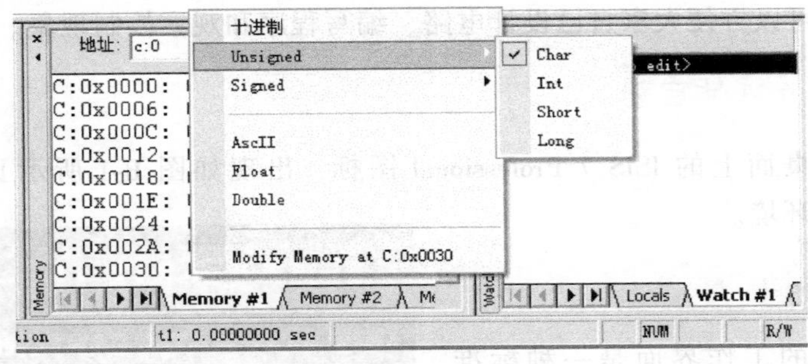

图 A-15　存储器数值各种方式显示选择

（二）工程窗口寄存器页

图 A-16 是工程窗口寄存器标签页的内容，此页包括了当前的工作寄存器组和系统寄存器组。系统寄存器组有一些是实际存在的寄存器，如 A、B、DPTR、SP、PSW 等，有一些是实际中并不存在或虽然存在却不能对其操作的如 PC、Status 等。每当程序中执行到对某寄存器的操作时，该寄存器会以反色（蓝底白字）显示，用鼠标单击该寄存器然后按下 F2 键，即可修改该值。

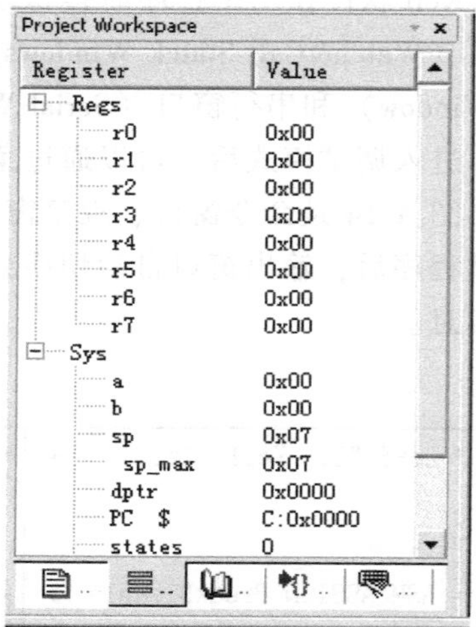

图 A-16　工程窗口寄存器标签页

（三）观察窗口

观察窗口是很重要的一个窗口，工程窗口中仅可以观察到工作寄存器和有限的寄存器，如 A、B、DPTR 等，如果需要观察其他的寄存器的值或者在高级语言编程时需要直接观察变量，就要借助于观察窗口了。

一般情况下，我们仅在单步执行时才对变量值的变化感兴趣，全速运行时，变量的值是不变的，只有在程序停下来之后，才会将这些最新的变化值反映出来。但是，在一些特殊场合下我们也可能需要在全速运行时观察变量的变化，此时可以单击“V 查看→Periodic Window Updata（周期更新窗口）”，确认该项处于被选中状态，即可在全速运行时动态地观察有关值的变化。

注意：选中该项，将会使程序模拟执行的速度变慢。

附录 B　Proteus 软件的学习及使用

Proteus 软件是英国 Labcenter Electronis 公司出版的 EDA 工具软件，它不仅具有其他 EDA 工具软件的仿真功能，还能仿真单片机及外围设备，是目前比较好用的仿真单片机及外围设备器件的工具。在单片机学习中，针对硬件设备不足，或者设备电路固定等缺憾，我们学习本软件，可以方便大家自己设计电路、编写程序和观察控制现象。

一、Proteus 软件启动

双击计算机桌面上的 ISIS 7 Professional 图标，出现如图 B-1 所示页面，表明进入了 Proteus ISIS 集成环境。

二、工作界面

Proteus ISIS 的工作界面是一种标准的 Windows 界面，如图 B-2 所示。它包括标题栏、主菜单、标准工具栏、绘图工具栏、状态栏、对象选择按钮、预览对象方位控制按钮、仿真进程控制按钮、预览窗口、对象选择器窗口、图形编辑窗口。

图 B-1　Proteus7 启动页面

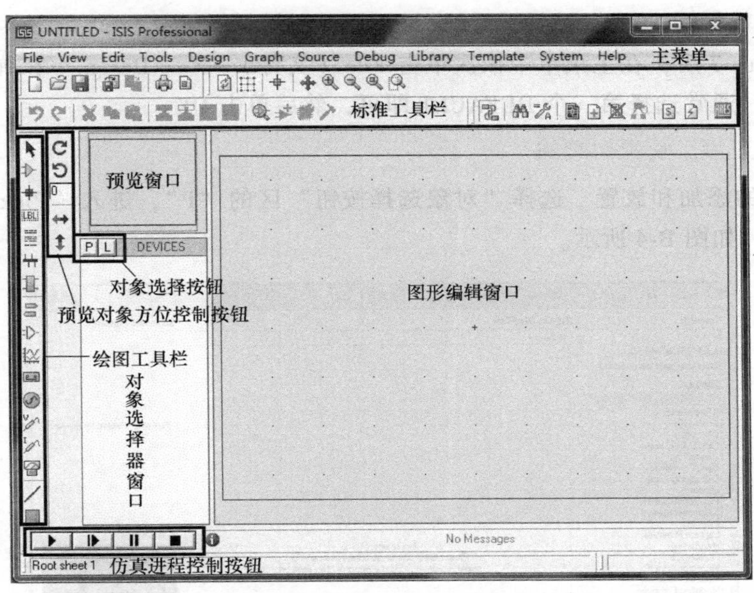

图 B-2 Proteus 7 工作界面

三、基本操作

我们以绘制项目二“8 位流水灯控制”电路为例，来学习 Proteus 7 的基本操作方法。电路如图 B-3 所示。

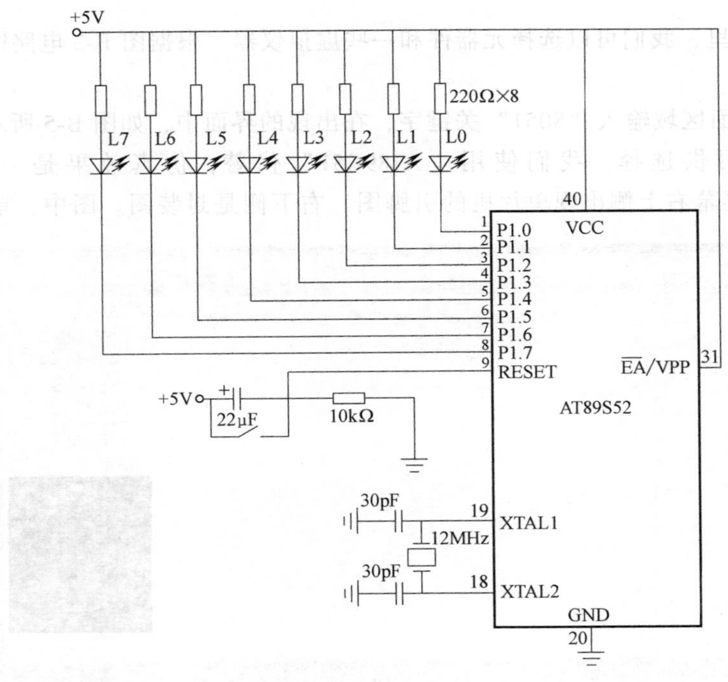

图 B-3 8 位流水灯的单片机控制电路图

1. 新建设计文件

打开 Proteus 7 后，在主菜单中依次单击 File（文件）→New Design…在弹出的对话框中选择设计类型，通常选择第一个 DEFAULT 即可，然后单击 OK。

2. 对象的添加、放置和编辑

（1）对象的添加和放置　选择“对象选择按钮”区的“P”，进入“Pick Devices”元器件选择对话框，如图 B-4 所示。

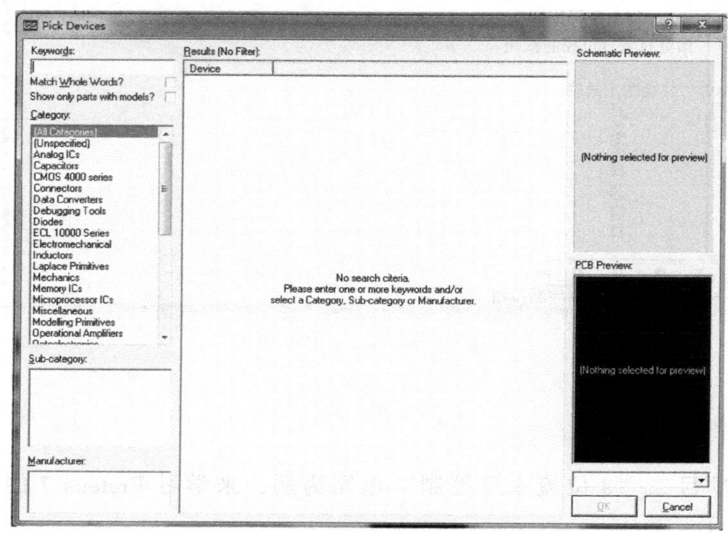

图 B-4　元器件选择对话框

在这个对话框里，我们可以选择元器件和一些虚拟仪器。根据图 B-3 电路图，我们先添加单片机芯片。

在 Keyword 下面区域输入“8051”关键字，在出现的界面中，如图 B-5 所示。如果没有“AT89S51”芯片可供选择，我们使用“A789C51”代替，仿真效果是一样的。选择“AT89C51”后，屏幕右上侧出现单片机的引脚图，右下侧是封装图。图中，单片机芯片隐

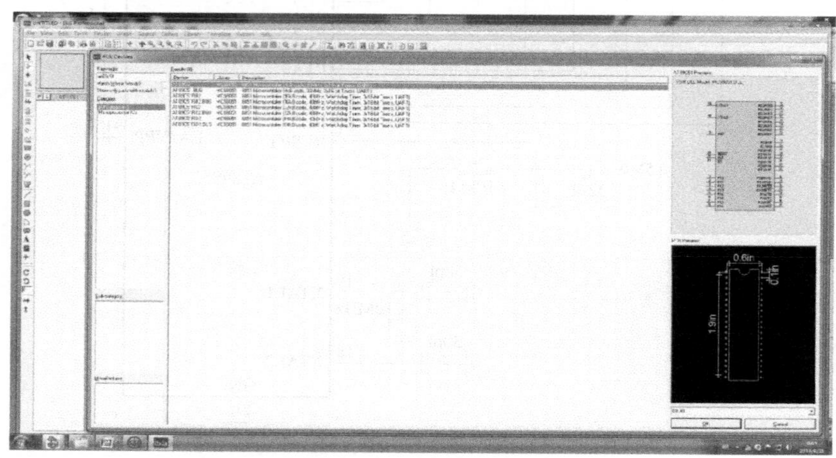

图 B-5　单片机芯片选择

藏了电源引脚（20号，GND；40号，VCC）。选择图中的第一个芯片，鼠标单击OK即可将此芯片拾取到元器件列表中了。

同样的方法，在Keyword下面区域输入LED关键字，在出现的界面中选择红色发光二极管（LED-RED）、黄色发光二极管（LED-YELLOW）、蓝色发光二极管（LED-BLUE）、绿色发光二极管（LED-GREEN）中任意一个，拾取到元器件列表中。

注意：选择发光二极管时，若在元器件预览窗口看到的只是一个电气符号，是不可以拾取的。若选择使用这个元器件，在电路仿真时，观察不到它的亮灭情况。

接着我们在Keyword下面区域输入RES关键字，选择电阻；输入CRYSTAL关键字，选择晶振；输入CAP关键字，选择普通电容器；输入CAP-ELEC关键字，选择电解电容器；输入BUTTON关键字，选择按键。

（2）对象的放置和编辑　在元器件列表窗口，选择单片机芯片，将光标移动到图像编辑窗口，在合适的位置单击鼠标左键，就可以放置一个单片机芯片。同样的方法，可以根据电路图的结构，在对应位置放置好电阻、普通电容、电解电容、晶振、按键等元器件。在放置元器件前，观察元器件的摆放方向，可以通过“旋转”功能让元器件达到想要的效果。放置好的元器件，要注意元器件参数的设置。下面以电阻为例，说明元器件设置的方法。

双击放置好的电阻，在出现的对话框中，将阻值修改为220即可，如图B-6所示。

其他元器件参数的修改类似。需特别说明的是，放置好的元器件周围，会有很多参数显示出来，便于我们读取，但是若元器件距离较近时，会影响其他元器件的放置。我们可以在设置元器件参数时，在图B-6中，参数隐藏区域进行勾选，就能隐藏某些参数。

另外，放置好的元器件，还会有一个TEXT文本显示，不需要的情况下，也可以隐藏。方法是：在主菜单中打开Template菜单，在出现的下拉菜单中，选择Set Design Defaults…，会出现如图B-7所示对话框。在“显示隐藏文本”后面选中，就可以将元器件的文本框隐藏，使得整个电路简洁、明了。

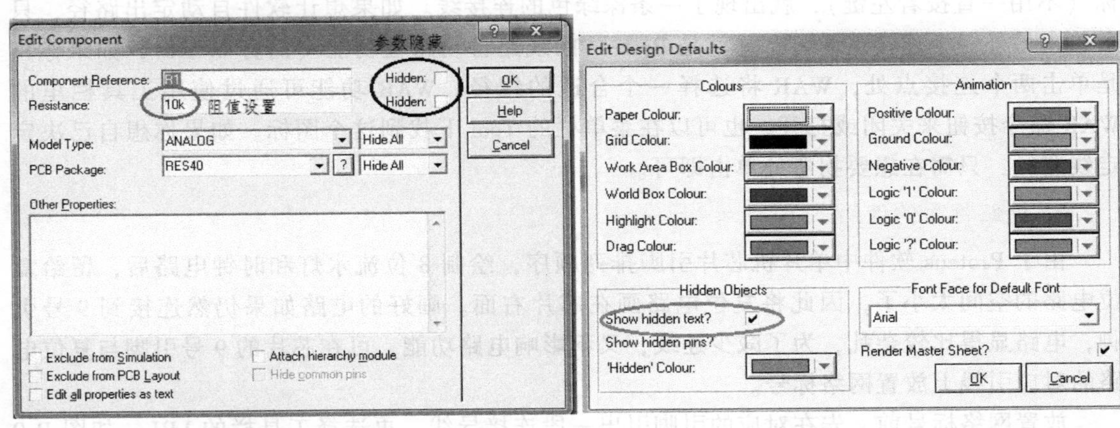

图 B-6　修改电阻阻值　　　　图 B-7　显示隐藏文本框

注意：在放置的元器件中，我们发现单片机芯片没有VCC和GND引脚，其实它

们被隐藏了，在使用时可以不用加电源。

3. 放置电源及接地符号

对照8位流水灯单片机控制电路，我们发现还没有电源VCC和GND符号。在“绘图工具栏”中选择Terminals Mode，如图B-8所示，选择POWER和GROUND，放置在对应的位置。电源等级设置的方法是双击电源符号，在出现的对话框中，添加数值即可。

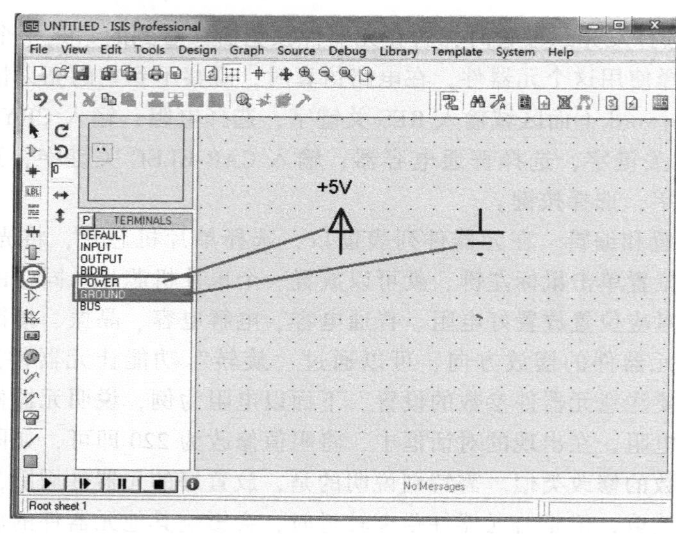

图B-8 电源符号的放置

4. 原理图的基本绘制

Proteus十分智能化，可以在我们想要绘制导线时进行自动检测。当鼠标的指针靠近一个元器件的连接点时，鼠标指针就会变成一个红色的小方框，单击元器件的连接点，移动鼠标（不用一直按着左键），就出现了一条深绿色的连接线。如果想让软件自动定出路径，只需单击另外一个连接点即可。这就是Proteus的线路自动路径功能（简称WAR），如果你只是单击两个连接点处，WAR将选择一个合适的线径。WAR功能可通过使用工具栏里的WAR命令按钮来关闭或打开，也可以在菜单栏的Tool下找到这个图标。如果你想自己决定走线路径，只需在想要拐弯处单击即可。

5. 网络标号的使用

由于Proteus软件中单片机芯片引脚排列顺序，绘制8位流水灯和时钟电路后，留给复位电路的空间太小了，因此将复位电路画在芯片右面。画好的电路如果仍然连接到9号引脚，电路显得比较杂乱，为了减少连线，又不影响电路功能，可在芯片的9号引脚与复位电路的对应引线上放置网络标号。

放置网络标号前，先在对应的引脚引出一段连接导线，再选择工具栏的LBL，如图B-9左边圈注。然后按住鼠标将LBL拖放到画出的导线上，会有一个小的“×”号出现，单击鼠标左键，出现一个对话框，在string后面键入对应的符号即可。绘制完成的电路图如图B-10所示。

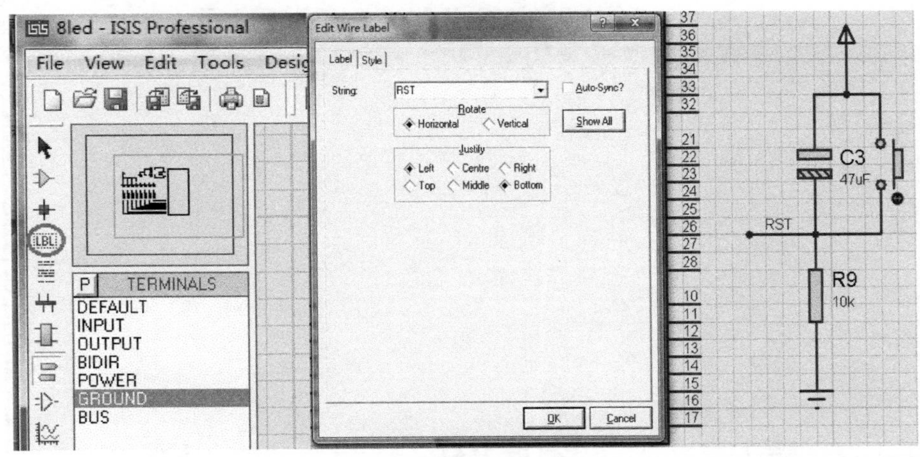

图 B-9　放置网络标号

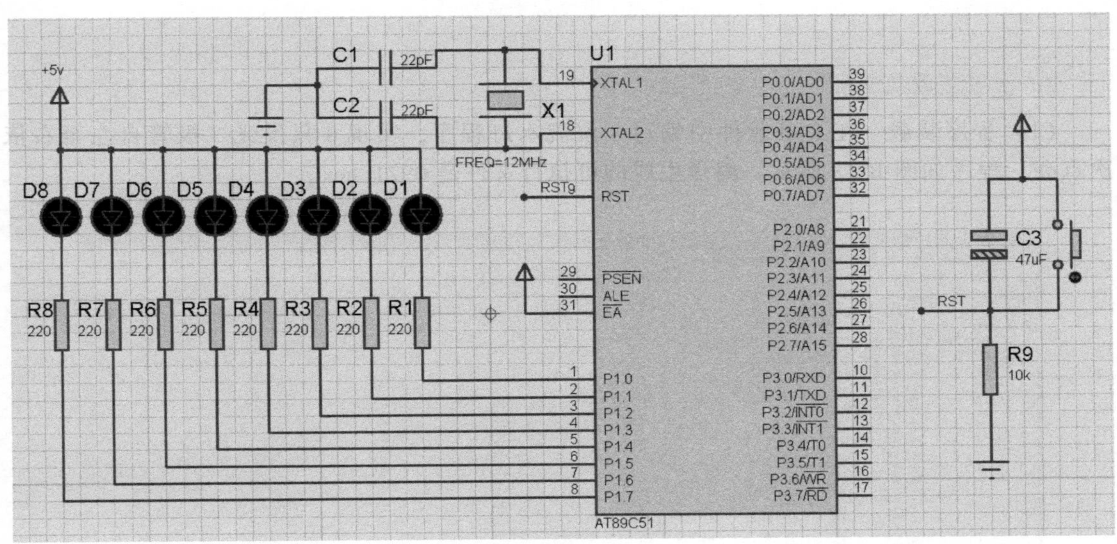

图 B-10　8 位流水灯单片机控制电路

6. 电气规则检查

完成电路图绘制后，利用 Proteus ISIS 编辑环境所提供的电气规则检查命令对设计进行检查，并根据系统提示的错误检查报告修改原理图。

打开主菜单 Tool，在弹出的二级菜单中选择 Electrical Rule Check…，对绘制完成的电路进行电气规则检查，如图 B-11 所示。

检查完成后，出现如图 B-12 所示的对话框，对话框中红色标出的内容是检查结果，则说明电路正确，否则就要根据提示，对相关元器件或者电路，进行修改，直至检查无错误。

Tools Design Graph Source Debug Libr
Real Time Annotation Ctrl+N
Wire Auto Router W
Search and Tag... T
Property Assignment Tool... A
Global Annotator...
ASCII Data Import...
Bill of Materials
Electrical Rule Check...
Netlist Compiler...
Model Compiler...
Set filename for PCB Layout...
Netlist to ARES Alt+A
Backannotate from ARES

图 B-11　电气规则检查

图 B-12　电气规则检查结果

7. 程序装载及仿真

（1）程序装载　在 Keil 软件中编写 8 位流水灯程序，实现 8 只发光二极管自左至右依次点亮，程序如图 B-13 所示。编译生成的可执行文件是 0921. hex。

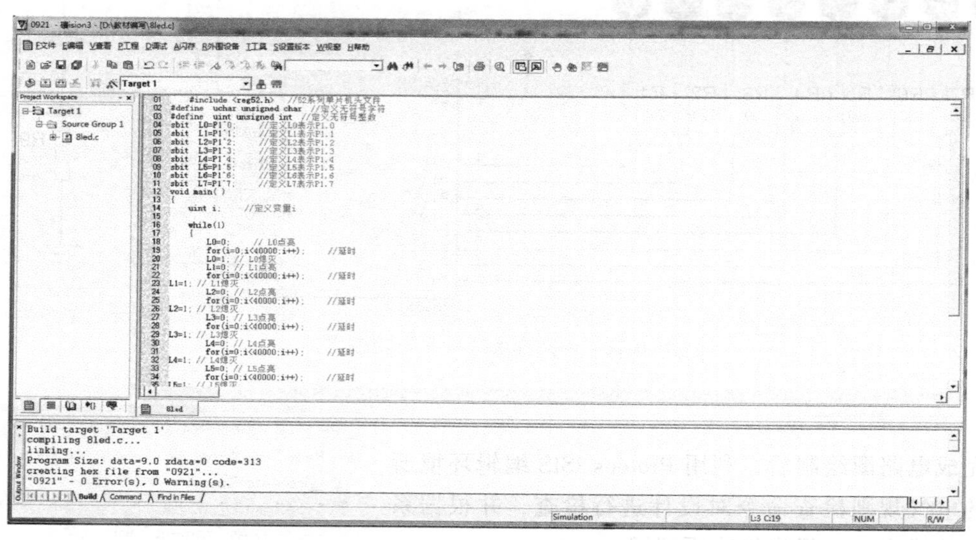

图 B-13　编译完成的单片机 C 语言程序

进入 Proteus 软件，在单片机控制 8 位流水灯电路图中，双击单片机芯片，出现如图 B-14所示的对话框。单击 Program Film 后面的文件夹，找到要装载的可执行文件 0921. hex，选中单击“打开”。

选中并打开 0921. hex 文件后，芯片对话框中会出现对应的文件，如图 B-15 所示，单击 OK，文件装载完成。

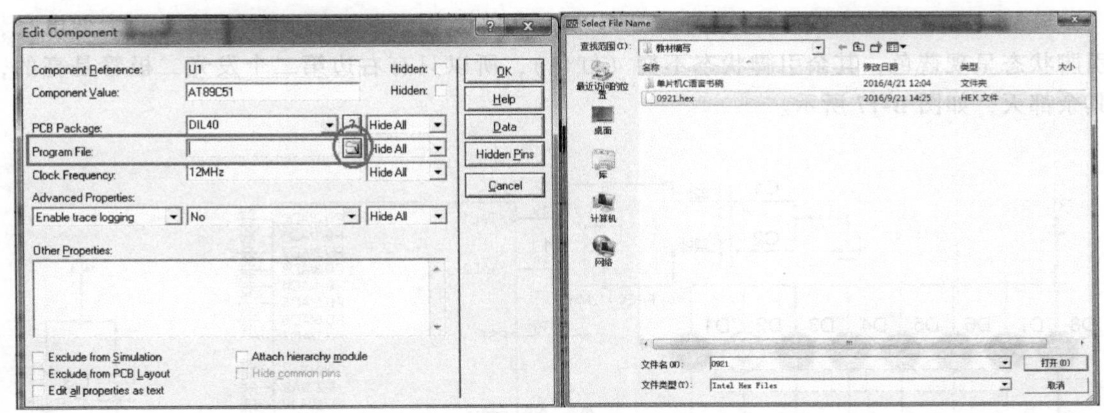

图 B-14 转载可执行文件到单片机芯片

装载完成后，就可以运行程序观察执行情况了。

（2）程序仿真运行 在 Proteus 软件中，选择 Debug 菜单，在下拉菜单中选择 Start/Restart Debugging，开始运行程序，8 位流水灯呈现亮灭的效果。根据程序分析，首先在 P1.0 输出低电平“0”信号，此时，电路中 P1.0 引脚状态呈现蓝色（表示低电平），其余引脚状态呈现红色（表示高电平），所以只有右边第一个发光二极管是亮的，其余都灭，如图 B-16 所示。

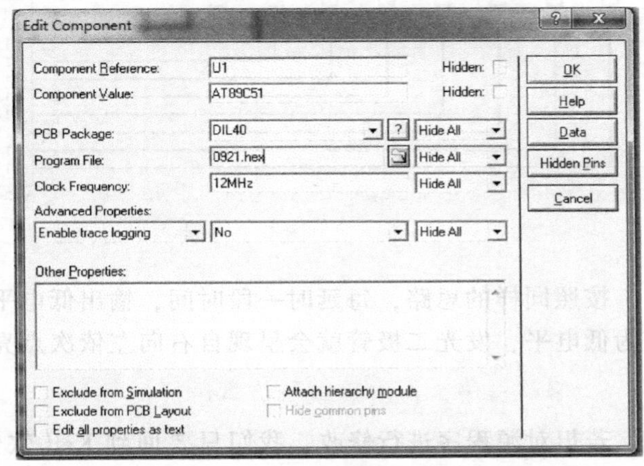

图 B-15 装载文件完成

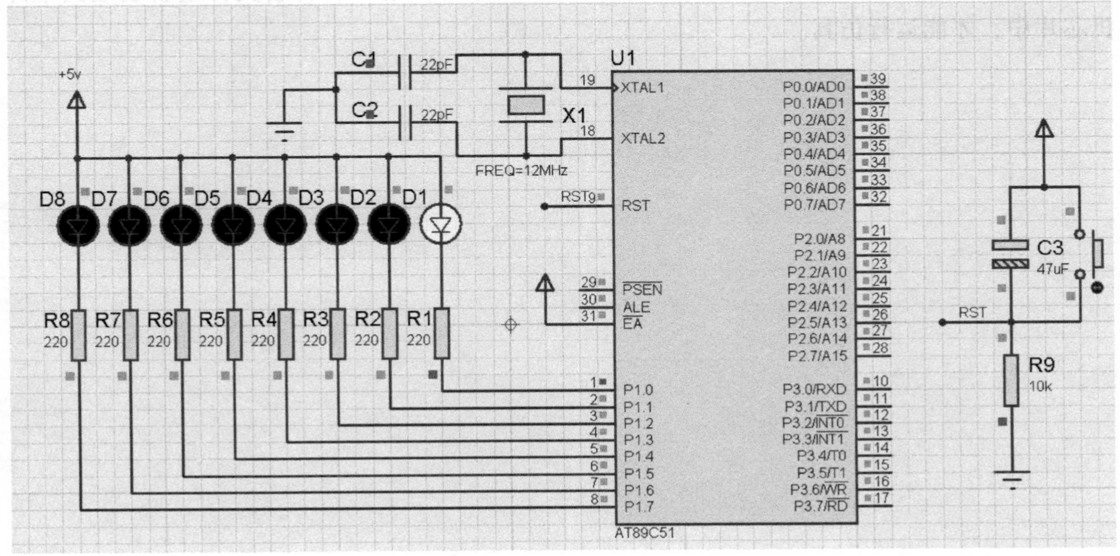

图 B-16 流水灯仿真效果

延时一段时间后，P1.0 输出变为高电平，引脚状态呈现红色，P1.1 输出变为低电平，引脚状态呈现蓝色，其余引脚状态不变（红色），所以只有右边第二个发光二极管是亮的，其余都灭，如图 B-17 所示。

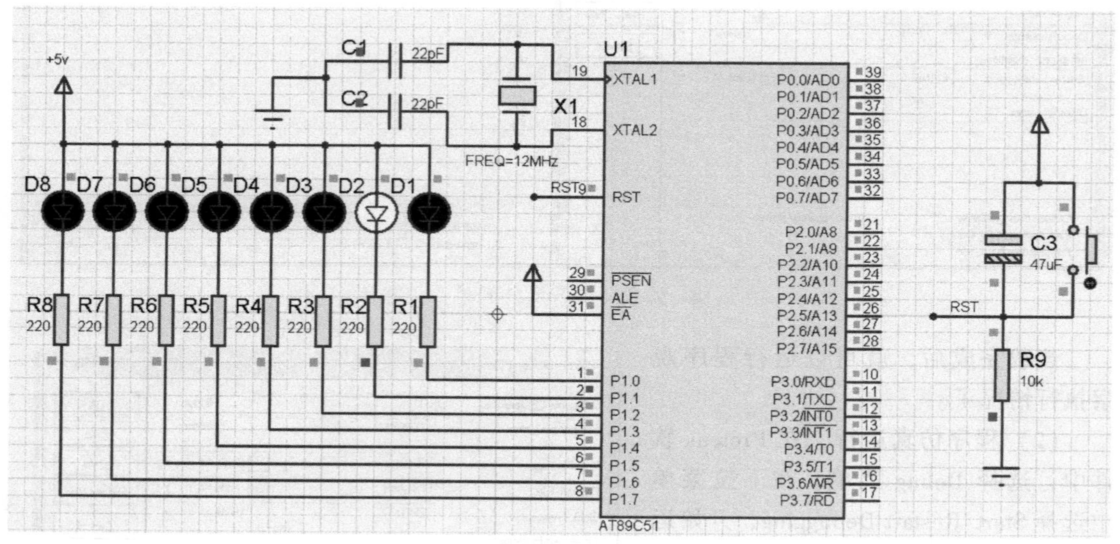

图 B-17　流水灯仿真效果右边第二个灯亮

按照同样的思路，每延时一段时间，输出低电平的引脚先变为高电平，下一个引脚电平变为低电平，发光二极管就会呈现自右向左依次点亮的效果。

8. 修改程序、再次装载及仿真运行

若想对源程序进行修改，我们只要回到 Keil 软件中，进行程序修改，然后编译好。再次回到 Proteus 中，若编译的文件名没有改变，可以不用重新装载，直接运行仿真就可以；若是在 Keil 中编译的文件名改变了，就需要再双击单片机芯片，将新文件重新装载到单片机芯片中，才能运行仿真。

参 考 文 献

[1] 郭天祥. 新概念 51 单片机 C 语言教程 [M]. 北京：电子工业出版社，2009.

[2] 李志京. 单片机应用技能实训 [M]. 南京：江苏教育出版社，2010.

[3] 王静霞. 单片机应用技术（C 语言版）[M]. 3 版. 北京：电子工业出版社，2015.

[4] 田希辉，薛亮儒 . C51 单片机技术教程 [M]. 北京：人民邮电出版社，2007.

[5] 郭志勇. 单片机应用技术项目教程（C 语言版）[M]. 2 版. 北京：中国水利水电出版社，2014.